打开数学

RENLEIZHIHUIDEYUANQUAN

智慧窗

周阳◎编著

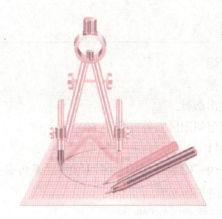

中国出版集团
现代出版社

图书在版编目（CIP）数据

打开数学智慧窗／周阳编著 . —北京：现代出版社，2012.12 （2024.12重印）
（数学：人类智慧的源泉）
ISBN 978 - 7 - 5143 - 0922 - 5

Ⅰ.①打… Ⅱ.①周… Ⅲ.①数学 - 青年读物②数学 - 少年读物 Ⅳ.①O1 - 49

中国版本图书馆 CIP 数据核字（2012）第 274983 号

打开数学智慧窗

编　　著	周　阳
责任编辑	张　晶
出版发行	现代出版社
地　　址	北京市朝阳区安外安华里 504 号
邮政编码	100011
电　　话	010 - 64267325　010 - 64245264（兼传真）
网　　址	www. xdcbs. com
电子信箱	xiandai@ cnpitc. com. cn
印　　刷	唐山富达印务有限公司
开　　本	710mm×1000mm　1/16
印　　张	12
版　　次	2013 年 1 月第 1 版　2024 年 12 月第 4 次印刷
书　　号	ISBN 978 - 7 - 5143 - 0922 - 5
定　　价	57.00 元

前 言

数学解题的过程是一种探究答案的过程，也是一个研究的过程。它是从问题当中提取出信息，然后用我们学过的数学知识，寻求解决问题的合理途径。

有人形象地把解题过程比喻为乌鸦喝水：瓶子里有水，但瓶口太小，水面太低，于是聪明的乌鸦衔来石子，放入瓶中。随着石子的不断投入，水面就会慢慢上升，这样乌鸦也就喝到水了。解题实质上是一个寻找答案途径的过程，就好比是不断地向瓶里投入石子。当把要解决的问题转化成为已经学过的知识时，那么问题就迎刃而解了。

本书是一本专门针对趣味数学题的题解集，一是注重选择有趣的数学题；二是对趣题巧妙解读。体现了该书的知识性、趣味性和学术性。本书作为青少年的课外数学读物，紧紧把训练解题思路与扩大青少年朋友的数学知识面有机地结合起来，从而培养他们的数学意识以及运用数学知识解决实际问题的能力。全书通过介绍有关数学解题思路，展现数学的思想和思维特点，从中了解数学是怎样发现问题、解决问题的，对于青少年朋友的数学思维方式养成、增强数学审美意识具有重要的现实意义。

在现实生活中，有不少同学虽然喜欢解数学题，但只考虑答案对否，题目一旦获解，就会产生满足感，往往不愿意再回头看看解题的思路是否清晰，这种解法是否最佳，还可不可以改进等等，忽视了解题后的再思考，这是很可惜的事情。因为这样恰好错过了提高解题能力的机会，无异于空手寻宝空手归。

　　实际上，任何一道题的解法都不是唯一的，所以解题后需要认真总结，充分探讨，发现问题，改进思路，提高自己对题解的理解水平。

　　著名法国哲学家、数学家笛卡儿曾说过："数学是知识的工具，亦是其他知识工具的泉源。所有研究顺序和度量的科学均和数学有关。"真是一语道破天机，愿此语与喜爱数学的青少年朋友们共勉！

目 录

名人趣题智慧解

奥数趣题智慧解

应该知道的数学知识

古老趣题智慧解

在人类进步的历史过程中，流传下许多饶有趣味的数学题。这些数学题的产生和解答，都是人类智慧的结晶，深深影响了一代又一代人。解答这些趣题的思路和数学思维模式的运用，对于我们成就智慧人生也至关重要。本章展示了古老数学的魅力，让我们在学习中感悟数学的真谛。

物知其数

原题叫"物不知其数"，出自 1600 年前我国古代数学名著《孙子算经》："今有物不知其数，三三数之二，五五数之三，七七数之二，问物几何？"这道题的意思是：有一批物品，不知道有几件。如果三件三件地数，就会剩下两件；如果五件五件地数，就会剩下三件；如果七件七件地数，也会剩下两件。问：这批物品共有多少件？

简单地说就是：有一个数，用 3 除余 2，用 5 除余 3，用 7 除余 2。求这个数。

解：设有物 x 个。由题意知

$x = 3n + 2 = 5m + 3 = 7l + 2$，其中 m，n，l 均为正整数。

由 $3n + 2 = 7l + 2$ 知：$3n = 7l$，即 $\dfrac{n}{7} = \dfrac{l}{3}$，令 $\dfrac{n}{7} = \dfrac{l}{3} = t$，则 $n = 7t$，$l = 3t$，

再代入 $3n + 2 = 5m + 3$ 中有

$m = \dfrac{21t + 2 - 3}{5} = \dfrac{1}{5}(21t - 1) = 4t + \dfrac{1}{5}(t - 1)$，要使 m 为正整数，$t - 1$

应是 5 的倍数，即 $t-1=5k$（k 为任意正整数或零）。从而得 $t=5k+1$，$n=35k+7$，$m=21k+4$，$l=15k+3$，$x=105k+23$（$k=0, 1, 2, \cdots$）

可见此题有无穷多个解。特别地，取 $k=0$，得：$x=23$，显然它是满足题意的一个解。由于 $105=3\times5\times7$，就是说在 $x=23$ 的基础上，再增加 105 或 105 的整数倍 $105k$，所得的数都符合题目的要求。

我们还可以从另一个角度考虑解类似的问题。如果把原有的物中拿走 2 个，则"三三数不剩余，七七数不剩余"，于是这些物应是 3 和 7 的整倍数 $21P$（P 为正整数），特别地，取 $P=1$，则 $21+2=23$ 即为所求的一个解（显然它也符合"五五数剩三"的条件）。同样的道理，所有的解应为 $x=105k+23$（$k=0, 1, 2, \cdots$）。

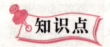
知识点

数 学

数学源自于古希腊语，是研究数量、结构、变化以及空间模型等概念的一门学科。透过抽象化和逻辑推理的使用，由计数、计算、量度和对物体形状及运动的观察中产生。

数学，作为人类思维的表达形式，反映了人们积极进取的意志、缜密周详的逻辑推理及对完美境界的追求。它的基本要素是：逻辑和直观、分析和推理、共性和个性。

数学主要的学科首先产生于商业上计算的需要、了解数与数之间的关系、测量土地及预测天文事件。这 4 种需要大致地与数量、结构、空间及变化（即算术、代数、几何及分析）等数学上广泛的领域相关相连。

延伸阅读

世界数学发展史

数学，起源于人类早期的生产活动，为中国古代六艺之一，亦被古希腊学者视为哲学之起点。数学的希腊语意思是"学问的基础"。

数学的演进大约可以看成是抽象化的持续发展，或是题材的延展。第一个被抽象化的概念大概是数字，其对两个苹果及两个橘子之间有某样相同事物的认知是人类思想的一大突破。除了认知到如何去数实际物质的数量，史前的人类亦了解如何去数抽象物质的数量，如时间上的日、季节和年。算术（加减乘除）也自然而然地产生了。古代的石碑亦证实了当时已有几何的知识。

更进一步则需要写作或其他可记录数字的系统，如符木或于印加帝国内用来储存数据的奇普。历史上曾有过许多且不同的记数系统。从历史时代的一开始，数学内的主要原理是为了做税务和贸易等相关计算，为了了解数字间的关系，为了测量土地，以及为了预测天文事件而形成的。这些需要可以简单地被概括为数学对数量、结构、空间及时间方面的研究。

到了 16 世纪，算术、初等代数以及三角学等初等数学已大体完备。17 世纪变量概念的产生使人们开始研究变化中的量与量的相互关系和图形间的相互变换。在研究经典力学的过程中，微积分的方法被发明。随着自然科学和技术的进一步发展，为研究数学基础而产生的集合论和数理逻辑等也开始慢慢发展。

数学从古至今便一直不断地延展，且与科学有丰富的相互作用，并使两者都得到好处。数学在历史上有着许多的发现，并且直至今日还在不断的发现中。

巧解鸡兔同笼

鸡兔同笼是中国古代著名趣题之一。大约在 1500 年前，《孙子算经》中就记载了这个有趣的问题。书中是这样叙述的："今有雉兔同笼，上有三十五头，下有九十四足，问雉兔各几何？"这 4 句话的意思是：有若干只鸡兔同在一个笼子里，从上面数，有 35 个头；从下面数，有 94 只脚。问笼中各有几只鸡和兔？

如果先假设它们全是鸡，于是根据鸡兔的总数就可以算出在假设下共有几只脚，把这样得到的脚数与题中给出的脚数相比较，看看差多少，每差 2 只脚就说明有 1 只兔，将所差的脚数除以 2，就可以算出共有多少只兔。概括起来，解鸡兔同笼题的基本关系式是：兔数＝（实际脚数－每只鸡脚数×鸡兔总

鸡兔同笼

数)÷（每只兔子脚数－每只鸡脚数）。类似地，也可以假设全是兔子。我们也可以采用列方程的办法来求解。

先用假设法：假设全是鸡：$2×35＝70$（只）

比总脚数少的：$94－70＝24$（只）

兔：$24÷（4－2）＝12$（只）

鸡：$35－12＝23$（只）

用一元一次方程法解：设兔有 x 只，则鸡有（$35－x$）只。

$$4x＋2（35－x）＝94$$

$4x＋70－2x＝94$

$2x＝24$

$x＝12$（只）

$35－12＝23$（只）

答：兔子有 12 只，鸡有 23 只。

用二元一次方程法解：设鸡有 x 只，兔有 y 只。

则 $x＋y＝35$

$2x＋4y＝94$

$（x＋y＝35）×2＝2x＋2y＝70$

$（2x＋2y＝70）－（2x＋4y＝94）＝（2y＝24）$

$y＝12$

把 $y＝12$ 代入（$x＋y＝35$）

$x＋12＝35$

$x＝35－12＝23$（只）。

答：兔子有 12 只，鸡有 23 只。

用二元一次方程组法解。设鸡有 x 只，兔有 y 只。则有

$$\begin{cases} x＋y＝35 & \text{……①} \\ 2x＋4y＝94 & \text{……②} \end{cases}$$

②－①×2 得

$2x＋4y－2x－2y＝94－70$

$2y=24$ $y=12$

将 $y=12$ 代入① 得

$x+12=35$ $x=23$

答：略。

方　程

含有未知数的等式叫方程，这是中学中的逻辑定义。其实，方程是表示两个数学式（如两个数、函数、量、运算）之间相等关系的一种等式，通常在两者之间有一等号"＝"。方程不用按逆向思维思考，可直接列出等式并含有未知数。它具有多种形式，如一元一次方程、二元一次方程等。广泛应用于数学、物理等理科应用题的运算。

方程可分为一元一次方程、二元一次方程和一元二次方程等。

数字是表示数的符号

数字是一种用来表示数的书写符号。它由0～9十个字母组成。数字不单单包括计数，还有丰富的哲学内涵。

1：可以看作是数字"1"，一根棍子，一个拐杖，一把竖立的枪，一支蜡烛，一维空间……

2：可以看作是数字"2"，一只木马，一个下跪着的人，一个陡坡，一个滑梯，一只鹅……

3：可以看作是数字"3"，一只耳朵，斗鸡眼，树杈，倒着的w……

4：可以看作是数字"4"，一个蹲着的人，小帆船，小红旗，小刀……

5：可以看作是数字"5"，大肚子，小屁股，音符……

6：可以看作是数字"6"，小蝌蚪，一个头和一只手臂露在外面的人……

7：可以看作是数字"7"，拐杖，小桌子，板凳，三岔路口，"丁"形物，镰刀……

8：可以看作是数字"8"，数学符号"∞"，花生，套环，雪人……

9：可以看作是数字"9"，一个靠着坐的人，小嫩芽……

0：可以看作是数字"0"，胖乎乎的人，圆形"○"，鞋底，脚丫，二维空间，瘦子的脸，鸡蛋……

数字在复数范围内可以分实数和虚数，实数又可以划分有理数和无理数或分为整数和小数，任何有理数都可以化成分数形式。

鬼谷子考徒弟

鬼谷子，姓王名诩，一说为春秋时期卫国（今河南鹤壁市淇县）人；一说为战国时期卫国（今江西省贵溪市）人；但具体生卒时间不详，是"诸子百家"之一纵横家的鼻祖，主要著作有《鬼谷子》及《本经阴符七术》。

孙膑、庞涓都是鬼谷子的徒弟。鬼谷子想测试一下徒弟的机智与应变能力，他坐在屋里，跟徒弟庞涓、孙膑说："谁把我从屋里动员到屋外，谁的成绩就及格"。

庞涓装作惊慌失措的样子跑进屋，说："启禀师傅，元始天尊到，请您接驾。"鬼谷子无动于衷。庞涓第二次跑进来，连鞋都掉了一只，上气不接下气地说："师傅，九天玄女来了，正在外面等您。"鬼谷子身子动了动，并没起来。庞涓不死心，第三次进来，一急一忙，一跤摔倒地下，结结巴巴地说："不好啦，苏师弟跟张师弟打架，张师弟把苏师弟打死了！"鬼谷子站起来，看了看他，还是没出去。

轮到孙膑，孙膑一进来就说："师傅，我不行。"鬼谷子感觉有些奇怪，孙膑说："您老人家能知五百年过去、五百年未来，我怎么骗得了您？"鬼谷子听罢，有些飘飘然。孙膑接着说："要是您老人家在屋外，我倒有办法把您骗进来。因为外面的事是有天数的，您可以算出来；而屋里的事，是没有天数的，您出去了就算不出来了。"鬼谷子不信，让人把自己连人带椅子抬到外面。孙膑见师傅出来，大笑说："我已把师傅动员出来了，及格！"

通过上述简单的测试，鬼谷子明白，孙膑的才华远在庞涓之上。

还有一次，鬼谷子出了这样一道题。他从 2 到 99 中选出两个不同的整数，把积告诉孙膑，把和告诉庞涓。问这两个数分别是多少？

庞涓说：我虽然不能确定这两个数是多少，但是我肯定你也不知道这两个数是多少。

孙膑说：我本来的确不知道，但是听你这么一说，我现在能够确定这两个数字了。

庞涓说：既然你这么说，我现在也知道这两个数字是多少了。

解题思路 1：

假设数为 X，Y；和为 $X+Y=A$，积为 $X*Y=B$。

根据庞第一次所说的："我肯定你也不知道这两个数是多少。"由此知道，$X+Y$ 不是两个素数之和。那么 A 的可能 11，17，23，27，29，35，37，41，47，51，53，57，59，65，67，71，77，79，83，87，89，95，97。

我们再计算一下 B 的可能值：

和是 11 能得到的积：18，24，28，30

和是 17 能得到的积：30，42，52，60，66，70，72

和是 23 能得到的积：42，60…

和是 27 能得到的积：50，72…

和是 29 能得到的积：…

和是 35 能得到的积：66…

和是 37 能得到的积：70…

我们可以得出可能的 B 为…，当然了，有些数（如 $30=5*6=2*15$）出现不止一次。

这时，孙依据自己的数比较计算后说："我现在能够确定这两个数字了。"

我们依据这句话，和我们算出来的 B 的集合，我们又可以把计算出来的 B 的集合删除一些重复数。

和是 11 能得到的积：18，24，28

和是 17 能得到的积：52

和是 23 能得到的积：42，76…

和是 27 能得到的积：50，92…

和是 29 能得到的积：54，78…

和是 35 能得到的积：96，124…

和是 37 能得到的积：…

因为庞说："既然你这么说，我现在也知道这两个数字是什么了。"那么由和得出的积也必须是唯一的，由上面知道只有一行是剩下一个数的，那就是和 17 积 52。那么 X 和 Y 分别是 4 和 13。

解题思路 2：

说话依次编号为 S1，P1，S2。

设这两个数为 x，y，和为 s，积为 p。

由 S1，P 不知道这两个数，所以 s 不可能是两个质数相加得来的，而且 $s \leqslant 41$，因为如果 $s > 41$，那么 P 拿到 $41 \times (s-41)$ 必定可以猜出 s 了（关于这一点，可试作证明，这一点很巧妙，可以省不少事情）。所以和 s 为 ｛11，17，23，27，29，35，37，41｝之一，设这个集合为 A。

（1）假设和是 11。$11 = 2+9 = 3+8 = 4+7 = 5+6$，如果 P 拿到 18，$18 = 3 \times 6 = 2 \times 9$，只有 $2+9$ 落在集合 A 中，所以 P 可以说出 P1，但是这时候 S 能不能说出 S2 呢？我们来看，如果 P 拿到 24，$24 = 6 \times 4 = 3 \times 8 = 2 \times 12$，$P$ 同样可以说 P1，因为至少有两种情况 P 都可以说出 P1，所以 A 就无法断言 S2，所以和不是 11。

（2）假设和是 17。$17 = 2+15 = 3+14 = 4+13 = 5+12 = 6+11 = 7+10 = 8+9$，很明显，由于 P 拿到 4×13 可以断言 P1，而其他情况，P 都无法断言 P1，所以和是 17。

（3）假设和是 23。$23 = 2+21 = 3+20 = 4+19 = 5+18 = 6+17 = 7+16 = 8+15 = 9+14 = 10+13 = 11+12$，咱们先考虑含有 2 的 n 次幂或者含有大质数

的那些组，如果 P 拿到 4×19 或 7×16 都可以断言 $P1$，所以和不是 23。

（4）假设和是 27。如果 P 拿到 8×19 或 4×23 可以断言 $P1$，所以和不是 27。

（5）假设和是 29。如果 P 拿到 13×16 或 7×22 都可以断言 $P1$，所以和不是 29。

（6）假设和是 35。如果 P 拿到 16×19 或 4×31 都可以断言 $P1$，所以和不是 35。

（7）假设和是 37。如果 P 拿到 8×29 或 11×26 都可以断言 $P1$，所以和不是 37。

（8）假设和是 41。如果 B 拿到 4×37 或 8×33，都可以断言 $P1$，所以和不是 41。

综上所述：这两个数是 4 和 13。

质　数

质数又称素数。指在一个大于 1 的自然数中，除了 1 和此整数自身外，没法被其他自然数整除的数。换句话说，只有两个正因数（1 和自己）的自然数即为素数。比 1 大但不是素数的数称为合数。1 和 0 既非素数也非合数。合数是由若干个质数相乘而得到的。

所以，质数是合数的基础，没有质数就没有合数。这也说明了前面所提到的质数在数论中有着重要地位。历史上曾将 1 也包含在质数之内，但后来为了算术基本定理，最终 1 被数学家排除在质数之外。

数学与钱币

古今中外的钱币多种多样，与钱币有关的数学更是丰富多彩，趣味无穷。

让我们以现在我国通行的人民币为例，一起来讨论一些与钱币有关的问题。

我们所看到的硬币的面值有1分、2分、5分、1角、5角和1元；纸币的面值有1分、2分、5分、1角、2角、5角、1元、2元、5元、10元、20元、50元和100元，一共19种。但这些面值中没有3、4、6、7、8、9，这又是为什么呢？事实上，我们只要来看一看1、2、5如何组成3、4、6、7、8、9，就可以知道原因了。

$3=1+2=1+1+1$

$4=1+1+2=2+2=1+1+1+1$

$6=1+5=1+1+2+2=1+1+1+1+2=1+1+1+1+1+1=2+2+2$

$7=1+1+5=2+5=2+2+2+1=1+1+1+2+2=1+1+1+1+1+2=$
$1+1+1+1+1+1+1$

$8=1+2+5=1+1+1+5=1+1+2+2+2=1+1+1+1+2+2=1+1+$
$1+1+1+1+2=1+1+1+1+1+1+1+1=2+2+2+2$

$9=2+2+5=1+1+2+5=1+1+1+1+5=1+1+1+1+1+2+2=$
$1+1+1+2+2+2=1+1+1+1+1+1+2+2=1+2+2+2+2$

从以上这些算式中就可知道，用1、2和5这几个数就能以多种方式组成1～9的所有数。这样，我们就可以明白一个道理，人民币作为大家经常使用的流通货币，自然就希望品种尽可能少，但又不影响使用。

升天的高度

印度有个古老的算题，大意是：

一个山顶上住着两个和尚，大和尚会上天，二和尚会钻地。一天，大和尚从山顶垂直飞向天空，到达某一高度后，斜降到一个小镇上。二和尚从山顶垂直钻入山底到水平面的位置，然后钻出来直奔同一小镇。已知二人所经距离相等，求大和尚升空的高度、山高及山脚到小镇的距离。

解：设大和尚升天到 A 处的高度为 x，山高为 y，山脚 C 到小镇 B 的距离为 z，根据题意有：

$x+AB=y+z$。

$$x + \sqrt{(x+y)^2 + z^2} = y + z_{\circ}$$

要直接解这个方程比较困难，我们从另一思路求解。因为，AC，BC，AB 呈勾股数的关系。

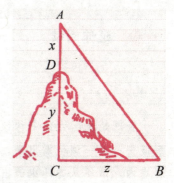

（1）设 $AC = m^2 - n^2$，$BC = 2mn$，$AB = m^2 + n^2$。即 $x + y = m^2 - n^2$，$z = 2mn$，$AB = m^2 + n^2$，代入 $x + AB = y + z$ 得 $x - y = 2mn - m^2 - n^2$。由此求得 x，y，z 的整数解：

$$\begin{cases} x_1 = n(m-n) \\ y_1 = m(m-n) \\ z_1 = 2mn_{\circ} \end{cases}$$

（2）设 $AC = 2mn$，$BC = m^2 - n^2$，$AB = m^2 + n^2$。代入 $x + AB = y + z$ 得 $x - y = m^2 - n^2 - (m^2 + n^2) = -2n^2$。所以 x，y，z 的整数解为：

$$\begin{cases} x_2 = n(m-n) \\ y_2 = n(m+n) \\ z_2 = (m-n)(m+n)_{\circ} \end{cases}$$

如取 $m = 2$，$n = 1$，即得 $x_1 = 1$，$y_1 = 2$，$z_1 = 4$；$x_2 = 1$，$y_2 = 3$，$z_2 = 3$，等等。

知识点

距 离

点与点之间的距离为连结两点的线段长度，点与直线间的距离是直线的垂足到点的长度，直线与直线的距离为两条直线公共垂线长。

在数学上，距离是定义在度量空间中的一种函数。例如：在日常生活中，最常见的距离就是欧几里得空间中的距离，是二阶范数；在图论中，距离是两个顶点之间最短路径经过的边的数目。

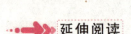

延伸阅读

漏　刻

漏刻是我国古代一种计量时间的仪器。最初，人们发现陶器中的水会从裂缝中一滴一滴地漏出来，于是专门制造出一种留有小孔的漏壶，把水注入漏壶内，水便从壶孔中流出来，另外再用一个容器收集漏下来的水，在这个容器内有一根刻有标记的箭杆，相当于现代钟表上显示时刻的钟面，用一个竹片或木块托着箭杆浮在水面上漏刻，容器盖的中心开一个小孔，箭杆从盖孔中穿出，这个容器叫做"箭壶"。随着箭壶内收集的水逐渐增多，木块托着箭杆也慢慢地往上浮，古人从盖孔处看箭杆上的标记，就能知道具体的时刻。

后来古人发现漏壶内的水多时，流水较快，水少时流水就慢，显然会影响计量时间的精度。于是在漏壶上再加一只漏壶，水从下面漏壶流出去的同时，上面漏壶的水即源源不断地补充给下面的漏壶，使下面漏壶内的水均匀地流入箭壶，从而取得比较精确的时刻。

现存于北京故宫博物院的铜壶漏刻是公元 1745 年制造的，最上面漏壶的水从雕刻精致的龙口流出，依次流向下壶，箭壶盖上有个铜人仿佛抱着箭杆，箭杆上刻有 96 格，每格为 15 分钟，人们根据铜人手握箭杆处的标志来报告时间。

百鸡问题之解

这是我国魏晋时期的《张丘建算经》中的一道名题。意思是说，已知一只公鸡值 5 元钱，一只母鸡值 3 元钱，小鸡 3 只值 1 元钱，现在要用 100 元钱买 100 只鸡，问其中公鸡、母鸡、小鸡各买几只？

关于这道算题，还有一段美妙的传说。当时的一位宰相听说张丘建善算，就把他的父亲召到宫中，命他拿 100 文钱到市场上买公鸡、母鸡和小鸡共 100

只。当时市场上的价格是公鸡每只 5 文钱，母鸡每只 3 文钱，小鸡每 3 只 1 文钱。这下可难住了老人，他回家把这个问题对张丘建讲了一遍，张丘建叫他父亲到市场买 4 只公鸡，18 只母鸡，78 只小鸡去见宰相。宰相一算，恰巧是100 文钱买 100 只鸡。宰相很高兴，于是又拿出 100 文钱，命他父亲再去另买100 只鸡。这次老人心里暗想，恐怕办不到。不料张丘建却叫他父亲到市场去买 8 只公鸡，11 只母鸡和 81 只小鸡，拿去见宰相。宰相一算，又恰巧是用100 文钱买公鸡、母鸡和小鸡共 100 只。宰相有意识地要考核一下张丘建的数学水平，于是命老人把张丘建带到宫中，亲自面试。命张丘建再拿 100 文钱到市场去买公鸡、母鸡和小鸡共 100 只。张丘建到市场很快就买了 12 只公鸡，4只母鸡和 84 只小鸡回来交给宰相。宰相一算，又恰巧是用 100 文钱买公鸡、母鸡和小鸡共 100 只。

聪明的读者，你知道张丘建是怎样找到解的吗？

解： 设买公鸡、母鸡和小鸡分别为 x 只、y 只和 z 只，依题意得

$$\begin{cases} x+y+z=100 & ① \\ 5x+3y+\dfrac{1}{3}z=100 & ② \end{cases}$$

两个方程，3 个未知数，这叫不定方程组。由②×3−①得 $14x+8y=200$，即

$$y=25-\frac{7}{4}x。$$

因为 y 是非负整数，所以 $0 \leqslant x < 15$，x 应为 4 的整数倍，令 $x=0$、4、8、12，则得

$$\begin{cases} x=0 \\ y=25 \\ z=75, \end{cases} \quad \begin{cases} x=4 \\ y=18 \\ z=78, \end{cases} \quad \begin{cases} x=8 \\ y=11 \\ z=81, \end{cases} \quad \begin{cases} x=12 \\ y=4 \\ z=84。 \end{cases}$$

以"百鸡问题"闻名于世的中国古代数学家张丘建，还给后人留下了一道名题：

今甲、乙两人各有钱不知其数，若乙给甲 10 枚，则甲比乙多的钱是乙余钱的 5 倍，若甲给乙 10 枚，则甲、乙钱数相等，问甲、乙两人各有钱多少枚？

解： 由甲给乙 10 枚钱后，两人钱数相等可知，原来甲比乙多 20 枚钱。

由题意知，当乙给甲 10 枚钱后，这时甲比乙多 40 枚钱，而甲比乙多的钱又是乙余钱的 5 倍，所以这时乙的余钱是

40÷5＝8（枚）

加上给甲的 10 枚，乙原来有钱

8＋10＝18（枚）

而甲原来有钱

18＋20＝38（枚）

这种解法虽然简单，但巧妙的解题思路却迸发着数学的机智。同时也说明多思、巧思出新解。

整　数

　　像－1，0，1，2 这样的数称为整数。整数是人类能够掌握的最基本的数学工具。整数的全体构成整数集，整数集合是一个数环。在整数系中，自然数为 0 和正整数的统称。称－1、－2、－3、…、－n、…（n 为整数）为负整数。正整数、零与负整数构成整数系。

　　中国最早引进了负数。《九章算术·方程》中论述的"正负数"，就是整数的加减法。减法的需要也促进了负整数的引入。减法运算可看作求解方程 $a － b＝c$，如果 a，b 是自然数，则所给方程未必有自然数解。为了使它恒有解，就有必要把自然数系扩大为整数系。

 **延伸阅读**

十进制的由来

　　我们每个人都有两只手，10 个手指。那么，手指与数学有什么关系呢？手指是人类最方便、也是最古老的计数器。

在远古社会，一群原始人正在向一群野兽发动大规模的围猎。只见石制箭镞与石制投枪呼啸着在林中掠过，石斧上下翻飞，被击中的野兽在哀嚎，尚未倒下的野兽则狼奔豕突，拼命奔逃。这场战斗一直延续到黄昏。晚上，原始人在他们栖身的石洞前点燃了篝火，他们围着篝火一面唱一面跳，欢庆着胜利，同时把白天捕杀的野兽抬到火堆边点数。他们是怎么点数的呢？就用他们的"随身计数器"吧。一个，二个，……，每个野兽对应着一根手指。等到10个手指用完，怎么办呢？先把数过的10个放成一堆，拿一根绳，在绳上打一个结，表示"手指这么多野兽"（即10只野兽）。再从头数起，又数了10只野兽，堆成了第二堆，再在绳上打个结。这天，他们的收获太丰盛了，一个结，二个结，……，很快就数到手指一样多的结了。于是换第二根绳继续数下去。假定第二根绳上打了3个结后，野兽只剩下6只。那么，这天他们一共猎获了多少野兽呢？1根绳又3个结又6只，用今天的话来说，就是：

1根绳＝10个结，1个结＝10只。

所以1根绳3个结又6只＝136只。

你看，"逢十进一"的十进制就是这样得到的。现在世界上几乎所有的民族都采用了十进制，这恐怕跟人有10根手指密切相关。当然，过去有许多民族也曾用过别的进位制，比如玛雅人用的是二十进制。我想，大家一定很清楚这是什么原因：他们是连脚趾都用上了。我国古时候还有五进制，你看算盘上的一个上珠就等于5个下珠。而巴比伦人则用过六十进制，现在的时间进位，还有角度的进位就用的六十进制，换算起来就不太方便。英国人则用的是十二进制（1英尺＝12英寸，1箩＝12打，1打＝12个）。

大家可以再动脑筋，想一想，在我们的日常生活中还用到过什么别的进制吗？

找 补

这是发生在古代俄罗斯的一件事情：有两个贩卖家畜的商人把他们共有的一群牛卖掉，每头牛卖得的卢布数就等于牛的总数。把卖得的钱买回了一群羊，每只10卢布，钱数的零头则搭配了一只小羊。这些羊他们两人平分，第

一人多得了一只大羊，第二人得了那只小羊而由第一个人找补他一点儿钱。问找补的钱到底是多少卢布？

这个题目好像缺少条件，细细分析一下，题中的条件对于解决我们的问题，并不缺什么。你能做出这个题吗？

分析：因为是以每头 n 卢布的价格出卖 n 头牛的，所以牛群的总价，也就是买回一群羊和那只小羊的总钱数，是一个完全平方数。既然有一个伙伴多得了一只大羊，说明大羊的只数是一个奇数，这就是说，n^2 里所含的 10 的倍数也是一个奇数。那么个位数就是那只小羊的价格。任何由 10 的 a 倍及个位数 b 所构成的数，它的平方：

$$(10a+b)^2 = 100a^2 + 20ab + b^2 = (10a^2 + 2ab) \times 10 + b^2.$$

这里所含的 10 的倍数有一部分是 $10a^2 + 2ab$，而还有一部分包含在 b^2 里。但 $10a^2 + 2ab$ 是一个偶数，所以只有在 b^2 里所含的 10 的倍数是奇数时，$(10a+b)^2$ 里所含的 10 的倍数才能是奇数。

这 b^2 是个位数的平方，也就是下面这 10 个数中的一个：

0，1，4，9，16，25，36，49，64，81。

其中，只有 16 和 36 所含的 10 的倍数是奇数，而且这两个数的末位数都是 6。由此可见，完全平方 $100a^2 + 20ab + b^2$ 只有在末位是 6 时，其所含 10 的倍数才能是奇数。

这就是说，买小羊花了 6 卢布。所以分得小羊的这位伙伴比另一位吃亏了 4 卢布。要分得公平，只要那位伙伴找补给得小羊的这位伙伴 2 卢布就行了。

知识点

倍　数

对于整数 m，能被 n 整除（m/n），那么 m 就是 n 的倍数。相对来说，称 n 为 m 的因数。如 15 能够被 3 或 5 整除，因此 15 是 3 的倍数，也是 5 的倍数。

一个数的倍数有无数个，也就是说一个数的倍数的集合为无限集。

倍数规律：任意两个奇数的平方差是 8 的倍数。

➤➤➤ **延伸阅读**

动物中的数学"天才"

丹顶鹤总是成群结队迁飞，而且排成"人"字形。"人"字形的角度是 110°。更精确地计算还表明"人"字形夹角的一半——即每边与鹤群前进方向的夹角为 54 度 44 分 8 秒！而金刚石结晶体的角度正好也是 54°44′8″！这是多么的巧合啊！

蜘蛛结的"八卦"形网，是既复杂又美丽的八角形几何图案，人们即使用直尺和圆规也很难画出像蜘蛛网那样匀称的图案。

冬天，猫睡觉时总是把身体蜷成一个球形，这其间也有数学，因为球形使身体的表面积最小，从而散发的热量也最少。

真正的数学"天才"是珊瑚虫。珊瑚虫在自己的身上记下"日历"，它们每年在自己的体壁上"刻画"出 365 条斑纹，显然是一天"画"一条。奇怪的是，古生物学家发现 3.5 亿年前的珊瑚虫每年"画"出 400 幅"水彩画"。天文学家告诉我们，当时地球一天仅 21.9 小时，一年不是 365 天，而是 400 天。

韩信分油

韩信是中国古代一位有名的大元帅，辅助刘邦打败楚霸王项羽，奠定了汉朝的基业。民间流传着韩信分油的故事。

据说有一天，韩信骑马走在路上，看见两个人正在路边为分油发愁。这两个人有一只容量10斤（1斤＝500克）的篓子，里面装满了油；还有一只空的罐和一只空的葫芦，罐可装7斤油，葫芦可装3斤油。要把这10斤油平分，每人5斤。但是谁也没有带秤，只能拿手头的3个容器倒来倒去。应该怎样分呢？

韩信骑在马上，了解情况以后，说："葫芦归罐罐归篓，二人分油回家走。"说完了，打马就走。两个人按照韩信的办法倒来倒去，果然把油平均分成两半，每人5斤，高高兴兴，各自回家了。

究竟是怎样倒来倒去的呢？我们先来分析一下：

（1）3个容器 N1，N2，N 按容积由小到大排列，分别为自然数 N1，N2，N；得到的油 M 是小于 N 的自然数。

（2）由于容器没有刻度，倒油过程中，较小容器总需要倒空或者填满。

（3）小容器倒油的次数 X，Y 是整数，最后需要得到的油 M 也是正整数。

（4）在小容器里得到数量较少的油，如容器 N1 得到小于等于 N1 的油；容器 N2 得到大于 N1 小于等于 N2 的油。

所以分油的实质是一个求解二元一次不定方程的解的过程。

方程列为：$N2 \cdot X + N1 \cdot Y = M$

其中，$N = N1 + N2$，$M = (N1 + N2)/2$，则是平均分油问题。

那么，3种容器各自装油斤数的变化过程，可从下面的表中看出。

篓	10	7	7	4	4	1	1	8	8	5	5
罐	0	0	3	3	6	6	7	0	2	2	5
葫芦	0	3	0	3	0	3	2	2	0	3	0

　　韩信所说的"葫芦归罐"，是指把葫芦里的油往罐里倒；"罐归篓"是指把罐里的油往篓里倒。通常分油要把油从大容器往小容器里倒，现在却把小容器里的油往大容器里"归"。往油葫芦里倒油，只能得到3斤的油量；把葫芦里的油往罐里"归"，"归"到第三次，葫芦里就出现2斤的油量。再把满满一罐油"归"到篓里，腾出空来，把葫芦里的2斤油"归"到空罐里；最后再倒一葫芦3斤油，"归"到罐里，就完成分油任务了。

知识点

自　然　数

　　用以计量事物的件数或表示事物次序的数。即用数码0，1，2，3，4，5……所表示的数。表示物体个数的数叫自然数，自然数由0开始，一个接一个，组成一个无穷的集体。

　　"0"是否包括在自然数之内存在争议，有人认为自然数为正整数，即从1开始算起；而也有人认为自然数为非负整数，即从0开始算起。目前关于这个问题尚无一致意见。不过，在数论中，多采用前者；在集合论中，则多采用后者。

　　我国传统的教科书所说的自然数都是指正整数。在国外，有些国家的教科书是把0也算做自然数的。这本是一种人为的规定，我国为了推行国际标准化组织制定的国际标准，定义自然数集包含元素0，也是为了早日和国际接轨。

➤➤➤ **延伸阅读**

吉祥之数八

　　在古代，我国许多事物，都被人们有意地用上了"八"，因为"八"在中华文化中被认为是"吉祥"之数。

风景点，要凑成"八"景。比如羊城八景，太原八景，桂林八景，沪上八景，芜湖八景等。这些八景的共同特点，绝大多数是雨、雪、霞、烟、风、荷、钟、月这八景。

搞建筑，离不开"八"字。比如，亭子要修成八角形的，塔要修成八边形的，井口要砌成八角形的。

人才的聚分，要用上"八"。比如，神话中有八仙过海，唐代诗人中有酒中八仙，散文作家有唐、宋八大家，画家有扬州八怪，清朝的军队编制分为八旗，其后人称为"八旗子弟"。

许多成语，也都含有"八"。比如八面玲珑、八面威风、八九不离十、四通八达、七长八短、七手八脚、七零八乱、横七竖八、七嘴八舌等等。

其他方面，"八"字也被广泛应用，诸如诸葛亮的八阵图，拳术中的八卦掌，高级菜肴中的八珍，调料中的八味，中国书法的八体，方位中的八方，节气中的八节……

就是现在，"八"字仍然是我国人最喜欢的一个数。无论是电话号码，还是汽车牌号，人们都抢着要"8"的号码。而躺倒的 8 字恰恰是数学中的"无穷大"符号。这样，丰硕、成熟、长寿、幸运、美满、发财，就变成无穷大了。总之，在人们的心目中，8 是吉祥的数，所以身价百倍，大受青睐。

其实，8 也同其他任何数字一样，既不会给人带来好运，也不会给人带来厄运。人生要靠每个人用双手去创造！

七间房

可以说这是世界上最古老的数学趣题了。大约在公元前 1800 年，埃及的一个僧侣名叫阿默士，他在纸草书上写有如下字样：家 猫 鼠 麦穗 麦粒。

即在 7 间房子里，每间都养着 7 只猫；在这 7 只猫中，不论哪只，都能捕到 7 只老鼠；而这 7 只老鼠，每只都要吃掉 7 个麦穗；如果每个麦穗都能剥下 7 颗麦粒，请问：房子、猫、老鼠、麦穗、麦粒，都加在一起总共该有多少数？

答案：总数是 19607。

房子有 7 间，猫有 $7^2=49$ 只，鼠有 $7^3=343$ 只，麦穗有 $7^4=2401$ 个，麦粒有 $7^5=16807$ 合。全部加起来是

$$7+7^2+7^3+7^4+7^5=19607$$

3000 年后，意大利的非波那契在《算盘书》（1202）中写了这样一个问题："7 个老妇同赴罗马，每人有 7 匹骡，每匹骡驮 7 个袋，每个袋盛 7 个面包，每个面包带有 7 把小刀，每把小刀放在 7 个鞘之中，问各有多少？"

受到这个问题的启发，在 19 世纪初又以歌谣体出现在算术书中：

"我赴圣地爱弗西，

途遇妇女数有七，

一人七袋手中提，

一袋七猫数整齐，

一猫七子紧相依。

妇与布袋猫与子，

几何同时赴圣地？"

知识点

算　盘

一种计算数目的工具。其形长方，周为木框，内贯直柱，俗称"档"。一般从 9 档至 15 档，档中横以梁，梁上两珠，每珠作数 5，梁下 5 珠，每珠作数 1，运算时定位后拨珠计算，可以做加减乘除等算法。

中国是算盘的故乡，在计算机已被普遍使用的今天，古老的算盘不仅没有被废弃，反而因它的灵便、准确等优点，在许多国家方兴未艾。因此，人们往往把算盘的发明与中国古代四大发明相提并论。北宋名画《清明上河图》中赵太丞家药铺柜就画有一架算盘。由于算盘运算方便、快速，几千年来一直是汉族普遍使用的计算工具，即使现代最先进的电子计算器也不能完全取代算盘的作用。

延伸阅读

历史上的计算工具

在漫长的历史长河中，随着社会的发展和科技的进步，人类进行运算时所运用的工具，也经历了由简单到复杂、由低级向高级的发展变化。这一演变过程，反映了人类认识世界、改造世界的艰辛历程和广阔前景。现在我们溯本求源，看一看计算工具是怎样演化的。

1. 结绳计数

就是在长绳上打结记事或计数，这比用石块、贝壳方便了许多。

2. 小棒计数

利用木、竹、骨制成小棒记数，在我国称为"算筹"。它可以随意移动、摆放，较之上述各种计算工具就更加优越了，因而沿用的时间较长。刘徽用它把圆周率计算到 3.1410，祖冲之更计算到小数点后第七位。在欧洲，后来发展到在木片上刻上条纹，表示债务或税款。劈开后债务双方各存一半，结账时拼合验证无误，则被认可。

3. 珠算

珠算是以圆珠代替"算筹"，并将其连成整体，简化了操作过程，运用时更加得心应手。它起源于中国，元代末年（1366）陶宗义著《南村辍耕录》中，最初提到"算盘"一词，并说"拨之则动"。15 世纪《鲁班木经》中，详细记载了算盘的制作方法。到了现代，一种新型的电子算盘已经问世，它把算盘与电子计算器的长处融为一体，是一种中外结合的新型计算工具。

4. 计算尺

公元 1520 年，英国人甘特发明了计算尺，运用到一些特殊的运算中，快速、省时。

5. 手摇计算机

最早的手摇计算机是法国数学家巴斯嘉在 1642 年制造的。它用一个个齿轮表示数字，以齿轮间的咬合装置实现进位，低位齿轮转 10 圈，高位齿轮转 1 圈。后来，经过逐步改进，使它既能做加、减法，又能做乘、除法了，运算的操作更加简捷、快速。

6. 电子计算机

随着近代高科技的发展，电子计算机在 20 世纪应运而生。它的出现是"人类文明最光辉的成就之一"，标志着"第三次工业革命的开始"。其运算效率和精确度之高，是史无前例的。在此之前，英国数学家向克斯用了 22 年的精力，把圆周率 π 算到小数点后 707 位，以至在他死后，人们在其墓碑上刻着 π 的 707 位数值，表达了对他的毅力和精神的钦佩。

将军饮马

古希腊一位将军要从 A 地出发到河边 MN 处（如下图）去饮马，然后再回到驻地 B。问怎样选择饮马地点，才能使路程最短？

分析：这是著名的"将军饮马问题"。在河边饮马的地点有许多处，把这些地点与 A、B 连接起来的两条线段的长度之和，就是从 A 地到饮马地点，再回到 B 地的路程之和。现在的问题是怎样找出使两条线段长度之和为最短的那个点来。

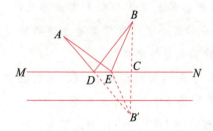

在图上过 B 点作河边 MN 的垂线，垂足为 C，延长 BC 到 B′，B′ 是 B 地对于河边 MN 的对称点；连接 AB′，交河边 MN 于 D，那么 D 点就是题目所求的饮马地点。

为什么饮马的地点选择在 D 点能使路程最短呢？因为 $BD = B'D$，AD 与 BD 的长度之和就是 AD 与 DB′ 的长度之和，即是 AB′ 的长度；而选择河边的任何其他点，如 E，路程 $AE + EB = AE + EB'$，由于 A 和 B′ 两点的连线中，线段 AB′ 是最短的，所以选择 D 点时路程要短于选择 E 点时的路程。

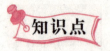

线　段

有两个端点的直线叫线段。线段有如下性质：两点之间线段最短；连接两点间线段的长度叫做这两点间的距离；直线上两个点和它们之间的部分叫做线段，这两个点叫做线段的端点。

直线没有距离。射线也没有距离。因为，直线没有端点，射线只有一个端点，可以无限延长。而线段不可以延长。

 延伸阅读

神奇的自然数 6174

自然数王国里有一个普通的成员 6174，然而它却有一个神奇的性质，这个性质隐藏了不知多少年，但最终还是逃不过数学家们的火眼金睛！

给定自然数 6174，我们把各位数字从大到小重新排列，得到 7641，这是由 6，1，7，4 组成的四位数中的最大者；再把各位数字从小到大重新排列，得到 1467，这是由 6，1，7，4 组成的四位数中的最小者。奇怪的是上述两数相减 7641－1467＝6174，竟又得到了 6174。这真是奇怪的事！

然而更奇怪的是：任意给定一个四位数字不全相同的四位数 M，把它的数字按递减顺序排列得 $M1$，再按递增顺序排列得 $M2$。两者相减得差 $D1＝M1－M2$；我们再对四位数字 $D1$ 进行上述过程，得 $D2$；……；如此下去，至多进行 7 次上述过程，一定会得到 6174。不信的话，请随便拿个四位数（注意：四个数位上的数字不全相同）来试一下。

例如，设 $M＝3757$

第一次：7753－3577＝4176

第二次：7641－1467＝6174。

再如，设 $M=4815$

第一次：$8541-1458=7083$

第二次：$8730-0378=8352$

第三次：$8532-2358=6174$。

有兴趣的朋友可以再试一下。

神奇妙算

汉高祖刘邦曾问大将韩信："你看我能带多少兵？"韩信斜了刘邦一眼说："你顶多能带 10 万兵吧！"汉高祖心中有三分不悦，心想：你竟敢小看我！"那你呢？"韩信傲气十足地说："我呀，当然是多多益善啰！"刘邦心中又添了三分不高兴，勉强说："将军如此大才，我很佩服。现在，我有一个小小的问题向将军请教，凭将军的大才，答起来一定不费吹灰之力的。"韩信满不在乎地说："可以可以。"刘邦狡黠地一笑，传令叫来一小队士兵隔墙站队，刘邦发令："每三人站成一排。"队站好后，小队长进来报告："最后一排只有二人。"刘邦又传令："每五人站成一排。"小队长报告："最后一排只有三人。"刘邦再传令："每七人站成一排。"小队长报告："最后一排只有二人。"刘邦转脸问韩信："敢问将军，这队士兵有多少人？"韩信脱口而出："23 人。"刘邦大惊，心中的不快已增至十分，心想："此人本事太大，我得想法找个碴儿把他杀掉，免生后患。"一面则佯装笑脸夸了几句，并问："你是怎样算的？"韩信说："臣幼得黄石公传授《孙子算经》，这孙子乃鬼谷子的弟子，算经中载有此题之算法，口诀是：

三人同行七十稀，

五树梅花廿一枝，

七子团圆正月半，

除百零五便得知。"

刘邦出的这道题，用现代语言如何表述呢？就是"一个正整数，被 3 除时余 2，被 5 除时余 3，被 7 除时余 2，如果这数不超过 100，求这个数。"请问这队士兵最少有多少人？

设这队士兵最少有 M 人，则结果如下：

$M=70 \times A+21 \times B+15 \times C-105 \times N$（$N=1，2，3，\cdots\cdots$）。

解：由题意可得下式：

$M=3 \times N1+A=5 \times N2+B=7 \times N3+C$；

由上式可得出：$105 \times N1+35 \times A=35 \times M$；　　　　　　　　　　　①

$105 \times N2+21 \times B=21 \times M$；　　　　　　　　　　　②

$105 \times N3+15 \times C=15 \times M$。　　　　　　　　　　　③

将上三式①×2+②+③得出：

$210 \times N1+70 \times A+105 \times N2+21 \times B+105 \times N3+15 \times C=106 \times M$；

即：$210 \times N1+105 \times N2+105 \times N3+70 \times A+21 \times B+15 \times C=106 \times M$；

$70 \times A+21 \times B+15 \times C=106 \times M-105 \times（2 \times N1+N2+N3）$

这里可以视 $（2 \times N1+N2+N3）=M+N$（$N=1，2，3，\cdots\cdots$）。

即得

$70 \times A+21 \times B+15 \times C=M-105N$（$N=1，2，3，\cdots\cdots$）。

又，$140+63+30=233$，由于 63 与 30 都能被 3 整除，故 233 与 140 这两数被 3 除的余数相同，都是余 2，同理 233 与 63 这两数被 5 除的余数相同，都是 3，233 与 30 被 7 除的余数相同，都是 2。所以 233 是满足题目要求的一个数。

而 3、5、7 的最小公倍数是 105，故 233 加减 105 的整数倍后被 3、5、7 除的余数不会变，从而所得的数都能满足题目的要求。由于所求仅是一小队士兵的人数，这意味着人数不超过 100，所以用 233 减去 105 的 2 倍得 23 即是所求。

这个算法在我国有许多名称，如"鬼谷算"，"隔墙算"，"剪管术"，"神奇妙算"等等，题目与解法都载于我国古代重要的数学著作《孙子算经》中。一般认为这是三国或晋时的著作，比刘邦生活的年代要晚近 500 年，算法口诀诗则载于明朝程大位的《算法统宗》，诗中数字隐含的口诀前面已经解释了。宋朝的数学家秦九韶把这个问题推广，并把解法称之为"大衍求一术"，这个解法传到西方后，被称为"孙子定理"或"中国剩余定理"。而韩信，后来终于被刘邦的妻子吕后诱杀于未央宫。

DAKAI SHUXUE ZHIHUIGHUANG

定　理

　　定理是经过受逻辑限制的证明为真的叙述。一般来说，在数学中，只有重要或有趣的陈述才叫定理。

　　在命题逻辑，所有已证明的叙述都称为定理。

　　一个定理包含条件和结论两部分，定理必须进行证明，证明过程是连接条件和结论的桥梁，而学习定理是为了更好地应用它解决各种问题。下面我们归纳出数学定理的学习方法：（1）背诵定理；（2）分清定理的条件和结论；（3）理解定理的证明过程；（4）应用定理证明有关问题；（5）体会定理与有关定理和概念的内在关系。

　　数学除了记数以外，还需要一套数学符号来表示数和数、数和形的相互关系。

延伸阅读

数学符号的起源

　　数学符号的发明和使用比数字晚，但是数量多得多。现在常用的有200多个，初中数学书里就不下20种。它们都有一段有趣的经历。

　　例如，加号曾经有好几种，现在通用"＋"号。

　　"＋"号是由拉丁文"et"（"和"的意思）演变而来的。16世纪，意大利科学家塔塔里亚用意大利文"più"（加的意思）的第一个字母表示加，草写为"μ"，最后都变成了"＋"号。

　　"—"号是从拉丁文"minus"（"减"的意思）演变来的，简写m，再省略掉字母，就成了"—"了。也有人说，卖酒的商人用"—"表示酒桶里的酒卖了多少。以后，当把新酒灌入大桶的时候，就在"—"上加一竖，意思是把原

线条勾销，这样就成了个"＋"号。

到了15世纪，德国数学家魏德美正式确定："＋"用作加号，"－"用作减号。

乘号曾经用过十几种，现在通用两种。一个是"×"，最早是英国数学家奥屈特1631年提出的；一个是"·"，最早是英国数学家赫锐奥特首创的。德国数学家莱布尼茨认为："×"号像拉丁字母"x"，加以反对，而赞成用"·"号。他自己还提出用"∩"表示相乘。可是这个符号现在应用到集合论中去了。

到了18世纪，美国数学家欧德莱确定，把"×"作为乘号。他认为"×"是"＋"斜起来写，是另一种表示增加的符号。

"÷"最初作为减号，在欧洲大陆长期流行。直到1631年英国数学家奥屈特用"："表示除或比，另外有人用"－"（除线）表示除。后来瑞士数学家拉哈在他所著的《代数学》里，才根据群众创造，正式将"÷"作为除号。

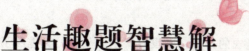

生活趣题智慧解

数学与我们的生活息息相关，现实生活中的诸多复杂问题，很多时候，都要由数学来解决。本章围绕着数学与生活，展示数学在生活中的广泛运用，以及数学对人们的深远影响。从而让我们感悟数学与生活的密切联系，体会数学的独特魅力，让青少年朋友真正走进数学，感受数学，在数学趣味题解中得到快乐。

同时也分析了数学学习和研究中的深层心理因素，并为人们学习数学、提高数学思维能力以及在生活中更好地运用数学思维提供了积极的指导和建议。

数学与我们的生活密切相关，数学思维在指导我们日常生活的运行。学会数学思维，对于我们成就智慧人生至关重要。本章从全新的、生活的角度来谈论数学，展示了数学在生活中的广泛运用，以及数学对人的深远影响，同时也分析了数学学习和研究中的深层心理因素，并为人们学习数学、提高数学思维能力以及在生活中更好地运用数学思维提供了积极的指导和建议。

巧分遗产

很久以前，在印度有个农民，临终前他将 3 个儿子叫到面前，有气无力地说："我就要见真主去了，这一生没有给你们留下更多的财产，只有 19 头牛，你们分了吧：老大分总数的 1/2，老二分总数的 1/4，老三分总数的 1/5……"说完，农民就上气不接下气，不久便闭上了眼睛，停止了呼吸。3 个儿子办完了丧事，便开始分牛了。

当时的印度，有不准宰牛的教规，3个儿子既要遵守教规，又要执行老人的临终遗嘱，可是，左思右想也没有办法解决。

一天，有个邻居从门前经过，见他们兄弟唉声叹气，很是奇怪。当这邻居问明了原因后，思索了一会儿，又从家里牵来了一头牛，便很快帮他们把牛分好了。

按照邻居老农的办法，既没有宰杀一头牛，又遵照了老父的遗嘱。弟兄三人顿时眉开眼笑。

邻居老人用了什么办法呢？

原来，老人把自己的一头牛也加在19头牛内，总数是20头牛。这样便容易分了：

老大分牛的头数是：

$20×1/2＝10$（头）

老二分牛的头数是：

$20×1/4＝5$（头）

老三分牛的头数是：

$20×1/5＝4$（头）

这样，兄弟三人分得牛的总头数是：

$10＋5＋4＝19$（头）

邻居老人再把自己的一头牛牵回。

其实添上一头牛后又牵走了，说明不添这头牛也是可以分开的。

兄弟三人分牛头数的比是：$\frac{1}{2}:\frac{1}{4}:\frac{1}{5}＝10:5:4$

即总数是$10＋5＋4＝19$份，这样便可按比例分配了。

老大得：$19×\dfrac{10}{10＋5＋4}＝10$（头）

老二得：$19×\dfrac{5}{10＋5＋4}＝5$（头）

老三得：$19×\dfrac{4}{10＋5＋4}＝4$（头）

偶　数

在整数中，能够被 2 整除的数，叫做偶数。偶数包括正偶数、负偶数和 0。

偶数的性质有：偶数跟奇数的和是奇数；任意多个偶数的和都是偶数；两个偶数的差是偶数；一个偶数与一个奇数的差是奇数；除 2 外所有的正偶数均为合数；相邻偶数最大公约数为 2，最小公倍数为它们乘积的一半；偶数的积是偶数；奇数与偶数的积是偶数；偶数与整数的积是偶数；偶数的平方被 4 整除，奇数的平方被 8 除余 1。

延伸阅读

古巴比伦对数学的贡献

古巴比伦大约是公元前 2000 年建立的国家，叫巴比伦王国。那里的民族复杂，统治者经常更换。但这里的人民对数学贡献却很大。

巴比伦人对天文学很有研究，1 个星期有 7 天是巴比伦人提出来的；1 小时有 60 分，1 分钟有 60 秒也是巴比伦人提出的；将圆周分为 360 度，每 1 度是 60 分，每 1 分是 60 秒也是巴比伦人最早提出的。

也许你会问，巴比伦人为什么这样喜欢 60？这是因为巴比伦人使用六十进制。许多文明古国采用十进制，因为人长有 10 个手指头，数完了就要考虑进位。南美的印第安人，数完了 10 个手指头，又接着数 10 个脚趾，他们就使用二十进制。

巴比伦人为什么采用六十进制呢？人的身上好像没有和 60 有关的东西。然而对于这个问题却有两种截然不同的见解。

一种见解认为，巴比伦人最初以 360 天为一年，将圆周分为 360 度，而圆内接正六边形的每边长都等于圆的半径，每边所对的圆心角恰好等于60度，六十进制由此而生。

另一种见解则认为，从出土的泥板上可知，巴比伦人早就知道一年有365天。他们选择六十进制是因为60是许多常用数（比如2，3，4，5，6，10…）的倍数。特别是60＝12×5，其中12是一年的月份数，5是一只手的手指数。

上述两种见解，毕竟是推测，事实究竟如何？也许随着对巴比伦遗址的发掘，人们会得到更多的史料，从中找到答案。

排座次的智慧

一天晚上，大众餐厅来了一群穿着简朴、风尘仆仆的青年顾客，原来他们是从家乡外出打工来到城里的。服务员给他们上好了饭菜，不料，几位青年为了座次的安排却发生了争执。

有人提议："应该以年龄为序，年长的坐上席。"可是立即遭到反对："那不成，咱们都没带户口簿，谁知谁哪年出生？"因此谁也不愿先报年龄，生怕自己把年龄说小了。"要不以个头儿高矮为顺序，高个的坐上席！"又有人提议。"那不成，儿子高过老子的多得是，假如父子同在一桌，难道能让儿子坐首席？"这话就更难听了！这样，便始终达不成协议，其他客人都走光了，他们仍在争吵不休。服务员前来劝说也不成。

饭店经理知道情况后，便和颜悦色地来到餐桌前说："各位客人先坐下，听我说一句话。"争论的时间已经很长，各人只得临时先入座，听听经理的意见。经理态度从容、胸有成竹地说："咱们的饭店，价廉物美，首先我们欢迎各位光临。这样吧，你们把现在的入座情况记下来，明晚再来，请按另一个次序排列，后天再来，再按一个新的次序排列。一句话，你们每次来吃饭都不要重复上一天的座次，这样不论首席、末席人人都会轮到，公平合理。同时本店另有优惠：你们总共8位客人，等到全部轮流一遍，回复到今晚这样座次时，我们饭店将不再收费。每晚免费供给你们一顿晚餐，而且这顿晚餐，任你们挑选，要什么菜，就上什么菜……各位意见如何？"

"免费供给晚餐，这太好了，你这是说好听话吧？"青年们显然不相信。

"我是饭店的负责人,"经理说,"从来说话都是算数的,要不,我可以给你们签协议。""好!"青年们一致赞同,"就照你说的办,我们写个协议吧!"于是经理与青年们郑重地签了协议。

从此,这8位青年每晚都按与以往不同座次到大众饭店就餐。再也没有争论,气氛融洽友好。就这样,日复一日,一个月过去了,两个月过去,秋去冬来,青年们挣了些钱都准备回家过春节了。可是他们在饭店就餐的座次仍然没有与第一次座次重复。你说,这是什么原因呢?其实这是一个排列问题,计算一下便找到答案了。

假如只是3个人就餐,6次便可重复了,即:123、132、213、231、312、321。

假定是4个人就餐,其中一人座位不动,其他3位需变化6次,才重复,即:4123、4132、4213、4231、4312、4321。当第四个人一动,则需6×4=24次才能重复。

同理,5人就餐需24×5=120(次)

6人就餐需120×6=720(次)

7人就餐需720×7=5040(次)

8人就餐需5040×8=40320(次)

一年365天,每天一次,40320次需多少年才能重复呢?

40320÷365≈110(年)

这就是说,这8位青年即使终生都在这饭店就餐,也不会再重复原来座次的。也就是说,这位精明的经理,用最好的饭菜免费供给,原本是不可能实现的,因为不用到重复座位时,他们都已经去世了!

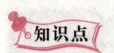

排　列

　　排列，组合学的基本概念，就是指从给定个数的元素中取出指定个数的元素进行排序。组合则是指从给定个数的元素中仅仅取出指定个数的元素，不考虑排序。排列组合的中心问题是研究给定要求的排列和组合可能出现的情况总数。排列组合与古典概率论关系密切。

延伸阅读

数字产生于实践

　　自然数是在人类的生产和生活实践中逐渐产生的。人类认识自然数的过程是相当长的。在远古时代，人类在捕鱼、狩猎和采集果实的劳动中产生了计数的需要。起初人们用手指、绳结、刻痕、石子或木棒等实物来计数。古代结绳计数例如：表示捕获了 3 只羊，就伸出 3 个手指；用 5 个小石子表示捕捞了 5 条鱼；一些人外出捕猎，出去 1 天，家里的人就在绳子上打 1 个结，用绳结的个数来表示外出的天数。

　　这样经过较长时间，随着生产和交换的不断增多以及语言的发展，渐渐地把数从具体事物中抽象出来，先有数目 1，以后逐次加 1，得到 2、3、4、5……这样逐渐产生就形成了自然数。因此，可以把自然数定义为，在数物体的时候，用来表示物体个数的 1、2、3、4、5、6…叫做自然数。自然数的单位是"1"，任何自然数都是由若干个"1"组成的。自然数有无限多个，1 是最小的自然数，没有最大的自然数。

开本的真相

　　林明和张君两位同学一起来到书店，要购买一本《趣味数学》，他们在翻看书的出版时间时，偶尔发现了书上标有"开本 787×1092 1/32"的字样，不解其意。回校后他们去问数学老师，刘老师笑着说："这是裁纸中的数学。"

　　"裁纸就是裁纸，这与数学有什么相干？"两位同学更加糊涂了。

　　"你们别着急，让我慢慢讲嘛！"刘老师耐心地说下去，"787（毫米）和1092（毫米）是表示着一张纸的宽和长，符合这个规格的一张纸叫做一整张。"刘老师边说边在黑板上画了一个矩形表示一整张纸，教室里来听"讲座"的人也越来越多了。

　　"把这张纸沿长度方向对折起来裁开，就得到两张大小一样的纸，从长、宽和大小上来讲，我们就叫它 2 开纸。如果再把 2 开纸沿长度方向对折裁开，就得到 4 开纸了。依上法，继续对折裁开，就可以得到 8 开、16 开、32 开、64 开等等。"刘老师在黑板上画出了一连串大大小小的矩形，并标上了它们的相应开数，接着说：

　　"所谓开数是一张矩形纸的大小规格，多少开的纸，就是指这张小矩形纸是原整张纸的多少分之一。书上标的 1/32，就是指一张纸的 1/32 大小，即 32 开。书刊的规格不同，常见的杂志多是 16 开本，我们的课本多是 32 开本。"刘老师稍停了一下，同学们在小声地议论着，林明和张君同学又发现了一个新问题，向老师问道：

　　"如果我们知道了 128 开的一张纸，您能说出它是一张纸裁了几次而得来的吗？"

　　同学们的讨论声立刻大了起来，但刘老师并不急于回答这个问题，有的同学主动站出来回答："128 次！"引起了轰堂大笑。刘老师用点拨的方法讲：

　　"我们把裁纸的规格列出来，2 开，4 开，8 开，16 开，32 开，64 开，128 开……然后把这些数值用 2 的幂的形式表示出来，2，2^2，2^3，2^4，2^5，2^6，2^7……大家根据裁纸的过程和所得小纸的开数，你们能有什么发现？"刘老师

把话停下来，让同学们思考，还是林明和张君同学抢先回答：

"裁纸的次数就等于 2 的正整数幂的指数。128 开，就是因为 $2^7 = 128$，所以共裁了 7 次。"刘老师和同学们都一致同意林明和张君的回答。

这样看来，裁纸当中的数学还真有意思哩！

 知识点

幂

　　数学名词，又称乘方。表示一个数自乘若干次的形式，如 a 自乘 n 次的幂为 a^n，或称 a^n 为 a 的 n 次幂。a 称为幂的底数，n 称为幂的指数。指数 n 也可以是分数、负数，也可以是任意实数或复数。

 延伸阅读

我国古代数学家祖冲之

　　祖冲之（429—500），字文远。南北朝时期著名数学家。

　　祖冲之祖籍范阳郡遒县（今河北涞水），为避战乱，祖冲之的祖父祖昌由河北迁至江南。祖昌曾任刘宋的"大匠卿"，掌管土木工程；祖冲之的父亲也在朝中做官，学识渊博，受人敬重。

　　祖冲之公元 429 年生于建康（今江苏南京）。祖家历代都对天文历法素有研究，祖冲之从小就有机会接触天文、数学知识。在青年时代祖冲之就广有博学多才的名声，宋孝武帝听说后，派他到"华林学省"做研究工作。公元 461 年，他在南徐州（今江苏镇江）刺史府里从事，先后任南徐州从事史、公府参军。公元 464 年他调至娄县（今江苏昆山东北）任县令。在此期间他编制了《大明历》，计算了圆周率。宋朝末年，祖冲之回到建康任谒者仆射，此后直到宋灭亡一段时间里，他花了较大精力来研究机械制造。公元 494 年到 498 年之间，他在南齐朝廷担任长水校尉一职，受四品俸禄。鉴于当时战火连绵，他写

有《安边论》一文，建议朝廷开垦荒地，发展农业，安定民生，巩固国防。公元 500 年祖冲之在他 72 岁时去世。

祖冲之的儿子祖暅也是中国古代著名数学家。

为纪念这位伟大的古代科学家，人们将月球背面的一座环形山命名为"祖冲之环形山"，将小行星 1888 命名为"祖冲之小行星"。

祖冲之的主要成就在数学、天文历法和机械技术 3 个领域。此外祖冲之精通音律，擅长下棋，还写有小说《述异记》。祖冲之著述很多，但大多都已失传。祖冲之是一位少有的博学多才的人物。

摸球中的概率

从前，国外比较流行一种赌博——摸球。赌主手里拿着一个布袋，里面装着 10 个红球，10 个白球。这 20 个球除颜色不同外，它们的形状、大小、重量、质料都相同。赌主将袋内的球搅匀后，让赌客不看袋内，只伸手到袋中摸球，每次摸出 1 球并记住颜色，然后放回袋内，重新再摸出 1 球，并记住颜色，再放回袋内……这样连续摸 10 次，记住这 10 个球的颜色。查对计分表，得正分者为胜，得负分者为败，得 0 分者保本。

计分表是一个招牌，上面写着：

摸到十个全红，计 100 分；

九红一白，计 80 分；

八红二白，计 60 分；

七红三白，计 40 分；

六红四白，计 0 分；

五红五白，计-100 分；

四红六白，计 0 分；

三红七白，计 40 分；

二红八白，计 60 分；

一红九白，计 80 分；

十个全白，计 100 分。

人们一看计分牌，就会有一种感觉，胜的可能性很大。计分表中有 11 种情况，其中有 8 种得正分，2 种是平局，只有一种得负分，败的机会很少。这个招牌有力地吸引着赌客和过往行人，大家都想去试一试，碰碰运气。

这种赌博中，每次总是赌主胜，而赌客败，从得分的多少来计算输赢的钱数，赌主每次都有可喜的收获。

我们现在，把这种活动作为一种游戏，大家可以试一试，是很有趣味的。简便方法是：可用象棋子 10 个红色的代表红球，10 个黑色的代表白球，装在一个袋子里，仍用上面的计分法，看其获胜规律。也可用 10 张红桃牌和 10 张黑桃牌，混合在一起，背面朝上，然后任意抽取一张。

在这个游戏中，只要摸 5 次，就可决定出胜负，摸的次数越多，摸者输的越厉害，这其中的道理是什么？下面做一简单说明。

在 20 个球中有 10 红 10 白，每次摸一个是红色的可能性是 10/20，即 1/2。要想"摸 10 次全是红球"的这件事出现，其可能性为 $\left(\dfrac{1}{2}\right)^{10}=\dfrac{1}{1024}$，这是一个很小的机会；反而出现"五红五白"的可能性是 $\left(\dfrac{1}{2}\right)^{5}=\dfrac{1}{32}$，这与 $\dfrac{1}{1024}$ 相比就大得多了。这就可以看出摸球 10 次，其中出现"六红四白"、"五红五白"、"四红六白"的可能性远远多于"全红"或"全白"的情况。因此，这种赌博中，总是赌主获胜，赌客失利。

类似这种游戏很多，如两人掷一枚硬币，以"字"和"图"朝上论胜负，这里的"字"与"图"朝上的可能性各占 1/2。又如 8 名运动员抽签选跑道的问题中，抽到某一条跑道的可能性均占 1/8，先抽后抽是一样。再如摇奖机中 10 个带号码的小球，每次跳出一个小球，无论数码是几，其可能性都是 1/10，……。

从这种有趣的游戏中，引出了近代数学的一个重要分支——概率论，上面所举的例子，就是其中的古典型概率，这个分支在生产和科研中有着极为广泛的应用。

DAKAI SHUXUE ZHIHUIGHUANG

概　率

　　概率，又称或然率、机会率或几率、可能性，是数学概率论的基本概念，是一个在 0 到 1 之间的实数，是对随机事件发生的可能性的度量。表示一个事件发生的可能性大小的数，叫做该事件的概率。它是随机事件出现的可能性的量度，同时也是概率论最基本的概念之一。人们常说某人有百分之多少的把握能通过这次考试，某件事发生的可能性是多少，这都是概率的实例。但如果一件事情发生的概率是 $1/n$，不是指 n 次事件里必有一次发生该事件，而是指此事件发生的频率接近于 $1/n$ 这个数值。

　　随着人们遇到问题的复杂程度的增加，特别是对于同一事件，可以从不同的等可能性角度算出不同的概率，从而产生了种种悖论。另一方面，随着经验的积累，人们逐渐认识到，在做大量重复试验时，随着试验次数的增加，一个事件出现的频率，总在一个固定数的附近摆动，显示一定的稳定性。奥地利数学家米泽斯把这个固定数定义为该事件的概率，这就是概率的频率定义。

 延伸阅读

来自大海的数学宝藏

　　有道是海洋是生命的摇篮。在大海中与在陆地上一样，生命的形式成为数学思想的一种财富。

　　人们能够在贝壳的形式里看到众多类型的螺线。有小室的鹦鹉螺和鹦鹉螺化石给出的是等角螺线；海狮螺和其他锥形贝壳，为我们提供了三维螺线的例子。

　　对称充满于海洋——轴对称可见于蚶蛤等贝壳、古生代的三叶虫、龙虾、鱼和其他动物身体的形状；而中心对称则见于放射虫类和海胆等。

　　几何形状也同样丰富多彩——在美国东部的海胆中可以见到五边形，而海

盘车的尖端外形可见到各种不同边数的正多边形；海胆的轮廓为球状；圆的渐开线则相似于鸟蛤壳形成的曲线；多面体的形状在各种放射虫类中可以看得很清楚；海边的岩石在海浪天长地久的拍击下变成了圆形或椭圆形；珊瑚虫和自由状水母则形成随机弯曲或近乎分形的曲线。

黄金矩形和黄金比也出现在海洋生物上——哪里有正五边形，哪里就能找到黄金比。在美国东部海胆的图案里，就有许许多多的五边形；而黄金矩形则直接表现在带小室的鹦鹉螺和其他贝壳类的生物上。

在海水中游泳可以给人们一种真正的三维感觉。人们能够几乎毫不费力地游向空间的 3 个方向。

在海洋里我们甚至还能发现镶嵌的图案。为数众多的鱼鳞花样，便是一种完美的镶嵌。

海洋的波浪由摆线和正弦曲线组成。波浪的动作像是一种永恒的运动。海洋的波浪有着各种各样的形状和大小，有时强烈而难于抗拒，有时却温顺而平静柔和，但她们总是美丽的，而且为数学的原则（摆线、正弦曲线和统计学）所控制。

数学的周期现象

冬去春来，年复一年，周而复始。这是自然界的周期现象。季节的变化是以一年为周期，月亮的圆缺是以 30 天为周期，而哈雷彗星回归地球的周期是 76 年。

许多数学问题，也有周期现象。

一个简单的例子。今天是星期日，从今天起，第 8 天是星期几？第 35 天呢，第 n 天呢？因为"星期几"的变化是以 7 天为周期的，所以只要用第 n 天的天数 n 除以 7，看看余数是多少就行了：余数是几就是星期几，没有余数说明这一天还是星期日。

自然数 a 的 n 次幂 a^n，它的末位数的变化也是有规律的。例如

$2^1 = 2$, $2^2 = 4$, $2^3 = 8$, $2^4 = 16$,

$2^5 = 32$, $2^6 = 64$, $2^7 = 128$, $2^8 = 256$。

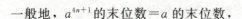

一般地，a^{4n+1} 的末位数＝a 的末位数，

a^{4n+2} 的末位数＝a^2 的末位数，

a^{4n+3} 的末位数＝a^3 的末位数，

a^{4n+4} 的末位数＝a^4 的末位数。

请看这样一个题目，设

$P_n=1^n+2^n+3^n+4^n$，

其中 $n=1$，2，3，……问对于怎样的自然数 n，P_n 可以被 10 整除？

每取一个 n 的值，就有一个 P_n：P_1，P_2，P_3，…。如果一个一个地去鉴别，是永远也做不完的。

因为 1^n，2^n，3^n，4^n 的个位数字的变化，是以 4 为周期，循环往复地出现，因此我们只要考查 $n=1$，2，3，4 时，P_n 的个位数怎样变化即可：

n	1^n	2^n	3^n	4^n	P_n
1	1	2	3	4	0
2	1	4	9	6	0
3	1	8	7	4	0
4	1	6	1	6	4

这就是说，当 n 是 4 的倍数时，P_n 的末位数是 4，P_n 不能被 10 整除；当 n 不是 4 的倍数时，P_n 的末位数是 0，P_n 可以被 10 整除。

有趣的是，某些图形的变化也有周期现象。

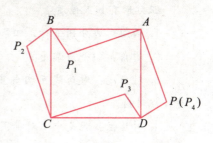

如图，在同一平面上，A，B，C，D 是一正方形的 4 个顶点，另一点距离点 D 10 千米。一个人从点 P 开始，向 A 直线前进，到达点 A 后，向左拐 90°，继续直线前进，走同样长的距离到达一点 P_1，这样，我们说这个人完成了一次关于点 A 的左转弯运动。接着他从点 P_1 出发关于点 B 做左转弯运动到达一点 P_2，然后依次关于点 C，D，A，B，……连续地做左转弯运动。试问，做过 11111 次左转弯运动后，达到点 Q，Q 距离出发点有多少千米？

我们不可能真的去做一万多次左转弯运动。不妨做几步，从中发现某些规律。

图中画出了从 P 开始连续做 4 次左转弯运动所产生的一点 P_4，从图中观

察发现 P_4 和 P 离得很近，精确作图时，P_4 与 P 完全重合。

于是猜想：从 P 开始连续做 4 次左转弯运动之后，又回到了原来的出发点，如果这个猜想是对的，那么我们的问题很容易解决。

根据作法，容易证明

$$\triangle APD \cong \triangle AP_1B \cong \triangle CP_2B \cong \triangle CP_3D \cong \triangle AP_4D,$$

由此可知 $\triangle APD \cong \triangle AP_4D$。

因此，P_4 与 P 重合。

猜想被证明！原来，这是一个以 4 为周期的周期运动。

由于 $11111 \div 4 = 2777\cdots\cdots 3$，这说明 $P_{11111} = P_3$，只须

$$P_3P = \sqrt{DP_3{}^2 + DP^2} = \sqrt{2}DP = 10\sqrt{2}\ （千米）。$$

 知识点

正 方 形

正方形是具有四条相等的边和四个相等内角的多边形。正方形是正多边形的一种，即正四边形。

正方形有如下性质：

1. 两组对边分别平行；四条边都相等；相邻边互相垂直。

2. 内角：四个角都是 $90°$。

3. 对角线：对角线互相垂直；对角线相等且互相平分；每条对角线平分一组对角。

4. 对称性：既是中心对称图形，又是轴对称图形（有四条对称轴）。

5. 形状：正方形属于矩形的一种，也属于菱形的一种。

6. 正方形具有平行四边形、菱形、矩形的一切性质。

7. 特殊性质：正方形的一条对角线把正方形分成两个全等的等腰直角三角形，对角线与边的夹角是 $45°$；正方形的两条对角线把正方形分成四个全等的等腰直角三角形。在正方形里面画一个最大的圆，该圆的面积约是正方形面积的 78.5%，正方形外接圆面积大约是正方形面积的 157%。

"百鸟图"中的数字谜

宋朝文学家苏东坡不仅文章写得好，而且书画方面也有很高的造诣，相传有一次他画了一幅《百鸟归巢图》，并且给这幅画题了一首诗：

归来一只复一只，

三四五六七八只。

凤凰何少鸟何多，

啄尽人间千万食。

这首诗既然是题"百鸟图"，全诗却不见"百"字的踪影，开始诗人好像是在漫不经心地数数，一只，两只，数到第八只，再也不耐烦了，便笔锋一转，借题发挥，发出了一番感慨：在当时的官场之中，廉洁奉公的"凤凰"为什么这样少，而贪污腐化的"害鸟"为什么这样多？他们巧取豪夺，把百姓的千担万担粮食据为己有，使得民不聊生。

你也许会问，画中到底是 100 只鸟还是 8 只鸟呢？不要急，请把诗中出现的数字写成一行：

11345678

然后，你动动脑筋，在这些数字之间加上适当的运算符号，就会有

$1＋1＋3×4＋5×6＋7×8＝100$。

100 出来了！原来诗人巧妙地把 100 分成了 2 个 1，3 个 4，5 个 6，7 个 8 之和，含而不露地落实了《百鸟图》的"百"字。

等周下的面积

我们先来看一个实际问题：

某农场要办一个养鸡场，准备用篱笆围成一块矩形的场地。现在有可以编制 60 米长篱笆的材料，问场地的长和宽应当各是多少米，才能使围成的场地

面积最大？

　　如图所示，设场地的长和宽分别是 x 米和 y 米，则有

$$2x+2y=60 \qquad ①$$

　　设场地的面积是 S 平方米，则

$$S=xy \qquad ②$$

由①得 $y=30-x$ 代入②，得 $S=x(30-x)=30x-x^2$。

由问题的实际意义，得 $x>0$，$y>0$，

因此，$0<x<30$。

这样，问题归结为：求二次函数 $S=30x-x^2$ 在 $0<x<30$ 的范围内的最大值。

在二次函数 $S=30x-x^2$ 中（$y=ax^2+bx+c$ 的特例），

$\because a=-1<0$，

$\therefore$ 当 $x=-\dfrac{b}{2a}=-\dfrac{30}{2(-1)}=15$ 时，S 有最大值 225。此时，$y=30-15=15$。

　　因为 15 在 x 允许的取值范围内，所以当长和宽各为 15 米时围成的矩形面积最大，很明显，围成的这块场地是正方形的。

　　可见，在周长相等的矩形中正方形面积最大。

　　一般地，在等周下的凸 n 边形中的正 n 边形面积最大。

　　更一般地，在等周下的所有平面封闭图形中，圆的面积最大。

　　这一结论，我们可以用一个有趣的实验来证实：将一条有固定长度的细丝的两头连接起来，围成一

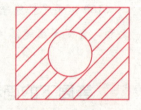

条有任意形状的封闭曲线。将此曲线轻轻地搁置在一个蒙有肥皂膜的铁框上。如果用小针将曲线内的薄膜刺破，这条曲线就立刻变成一个圆。这一现象可用物理知识来解释：在表面张力的作用下，液体有力求使其表面积达到最小的趋势。换句话说，在周长一定的曲线中圆的面积最大。

面　积

　　物体的表面或围成的图形表面的大小，叫做它们的面积。

　　住宅的居住面积是指住宅建筑各层平面中直接供住户生活的居室净面积之和。所谓净面积就是要除去墙、柱等建筑构件所占的水平面积。

　　住宅的使用面积，指住宅各层平面中直接供住户生活使用的净面积之和。计算住宅使用面积，可以比较直观地反映住宅的使用状况，但在住宅买卖中一般不采用使用面积来计算价格。

　延伸阅读

一刻钟的来历

　　众所周知，"刻"可以表示时间。例如，成语"一刻千金"和"刻不容缓"中的"刻"都是表示时间的。另外，在表示具体时间时，如 3 点 15 分也可叫做三点一刻。那么，为什么一刻等于 15 分呢？

　　我国古代没有钟表，人们靠"铜壶滴漏"来计算时间的长短，这种用来计时的铜壶叫漏壶。漏壶的底部有个小孔，壶中竖着一支带有 100 个刻度的箭杆。壶中装满水后，水从孔中一滴一滴往下漏，一天刚好漏完 100 刻度的水。

　　到了清朝，钟表从国外传入我国，计时方法为一天 24 小时。人们根据漏壶一天漏掉的 100 刻度的水，计算出箭杆上一个刻度所代表的时间：

$$60 \times 24 \div 100 = 14.4 \text{（分）}$$

　　14.4 分接近 15 分，所以，人们就把一个刻度代表的时间定为 15 分。就这样，"刻"成了计算时间的单位，即一刻等于 15 分。

省料的螺旋楼梯

在滨州市黄河大桥的南端，巍然耸立着一座望海楼，雄伟壮观。望海楼外形别致，由并立的两个三棱柱体构成，上有天桥相通，顶端有"黄河"两个大字，十分醒目。

如果想在望海楼的柱体上，建造一个绕柱体盘旋一周上升的梯子，直至顶端，那么，应该怎样设计建造，才能用料最省？

让我们展开想象的翅膀，设想沿三棱柱的一条侧棱切开，然后将 3 个侧面

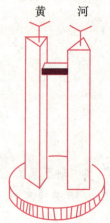

铺开在一个平面上，至此，最优设计方案一目了然。

如下图，设三棱柱的底面正三角形的边长为 a，柱体的高为 h。因为两点间线段最短，所以连接 AB' 的线段长度是梯子长度的最小值。把平面图再折成三棱柱，使 A 与 A' 重合，B 与 B' 重合，则线段 AB' 变成的折线就是梯子建造的最优位置。

在实际建造时，只须知道 a 的大小或 P 点的位置即可。AP 建成后，因为对顶角相等，所以按 $\angle APC$ 的大小等角在相邻侧面上建造就行。依此类推，按等角原则可顺利把梯子建造好。

由 $\tan \alpha = \dfrac{h}{3a}$，可查表求出 α 值。

也可求出 P 点的位置。设 $PC = x$，则由 $\triangle APC \backsim \triangle AB'A'$ 得 $\dfrac{x}{h} = \dfrac{a}{3a}$，故 $x = \dfrac{h}{3}$。

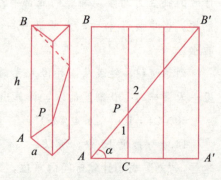

上述切开—展平—连线的办法，适用于所有绕柱体和锥体求最短线的问题。让我们再举两例。

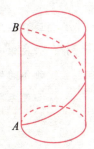

例1 圆柱形油库都建有螺旋式梯子，绕圆柱一周到顶端，问梯子怎样设计用料最省。（如图）

解：沿 AB 将圆柱面切开，展平在一个平面上，得矩形 $AA'B'B$。连接 AB'，AB' 就是梯子长度的最小值。若已知圆柱底面圆的半径是 R，高为 h，则 $AA' = 2\pi R$，由 $\tan\alpha = \dfrac{h}{2\pi R}$ 可查

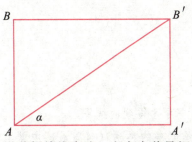

表求出 α 的值。将矩形再卷成圆柱体，使 A 与 A' 重合，B 与 B' 重合，AB' 变成绕圆柱面的曲线，这一曲线叫做螺旋线。螺旋线是圆柱面上的最短线。

你注意过吗？壁虎在圆柱形物体上捕捉昆虫时，为避开昆虫的视线，它总是绕柱体沿着螺旋线奔跑。它在走着最短线。多么奇妙的自然界！

例2 在近似圆锥形的山脚下有 A、B 两地，现在要从 A 架设电线到 B，怎么选择一条路，才能使所用的电线最短？（见图）

解：把圆锥面沿母线切开，展平成扇形，连接 AB。再卷成扇形，曲线 AB 就是架设电线的最短路线。

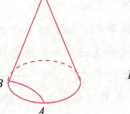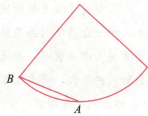

你知道吗？牵牛藤蔓绕柱体或锥体一圈圈向上，总是沿着螺旋线生长。生物界运用各自的数学才能，最优地生长着，真是令人叹服！科学家正在探索植物界的数学之谜，以揭示其中的奥妙，为人类造福。

**知识点**

锥 体

锥体：圆锥和棱锥这样的立体图形是锥体。以直角三角形的一个直角边

为轴旋转一周所得到的立体图形就是圆锥。棱锥有三棱锥、四棱锥、五棱锥、六棱锥……

锥体的体积＝底面积×高×1/3

如圆锥即为：$V=1/3\pi R^2 h$（R 为底面圆的半径，h 为高）。

 延伸阅读

整数的诞生

学会数数，那可是人类经过成千上万年的奋斗才得到的结果。

上古的人类还没有文字，他们用的是结绳记事的办法（《周易》中就有"上古结绳而治，后世圣人，易之以书契"的记载）。遇事在草绳上打一个结，一个结就表示一件事，大事大结，小事小结。

又经过了很长的时间，原始人终于从一头野猪，一只老虎，一把石斧，一个人……这些不同的具体事物中抽象出一个共同的数字——"1"。数"1"的出现对人类来说是一次大的飞跃。人类就是从这个"1"开始，又经过很长一段时间的努力，逐步地数出了"2"、"3"……对于原始人来说，每数出一个数（实际上就是每增加一个专用符号或语言）都不是简单的事。直到20世纪初，人们还在原始森林中发现一些部落，他们数数的本领还很低。例如在一个马来人的部落里，如果你去问一个老人的年龄，他只会告诉你："我8岁。"这是怎么回事呢？因为他们还不会数超过"8"的数。对他们来说，"8"就表示"很多"。有时，他们实在无法说清自己的年龄，就只好指着门口的棕榈树告诉你："我跟它一样大。"

这种情况在我国古代也曾发生并在古汉语中留下了痕迹。比如"九霄"指天的极高处，"九派"泛指江河支流之多，这说明，在一段时期内，"九"曾用于表示"很多"的意思。

总之，人类由于生产、分配与交换的需要，逐步得到了"数"，这些数排列起来，可得

1，2，3，4，…，10，11，12，…

这就是自然数列。

可能由于古人觉得，打了一只野兔又吃掉，野兔已经没有了，"没有"是不需要用数来表示的。所以数"0"出现得很迟。换句话说，零不是自然数。

后来由于实际需要又出现了负数。我国是最早使用负数的国家。西汉（前2世纪）时期，我国就开始使用负数。《九章算术》中已经给出正负数运算法则。人们在计算时就用两种颜色的算筹分别表示正数和负数，而用空位表示"0"，只是没有专门给出0的符号。"0"这个符号，最早在公元5世纪由印度人阿尔耶婆哈答使用。

到这时候，"整数"才完整地出现了。

火车加速的思考

从车站开出的火车，加大马力一直开下去，火车的速度显然会越来越快。那么，火车的速度会不会无限增大呢？

设物体按直线方向运动时，其位移 s 是时间 t 的函数 $s(t)$。设在时刻 t，物体的位移为 $s(t)$，再经一段时间 Δt，即在时刻 $t+\Delta t$ 时，物体的位移变为 $s(t+\Delta t)$，所以在 Δt 这段时间里，物体运动的平均速度为

$$\frac{s(t+\Delta t)-s(t)}{\Delta t}=\frac{\Delta s}{\Delta t}，令 \Delta t \to 0，如果极限 \lim_{\Delta t \to 0}\frac{s(t+\Delta t)-s(t)}{\Delta t}=$$

$\frac{\mathrm{d}s(t)}{\mathrm{d}t}=\frac{\mathrm{d}s(t)}{\mathrm{d}t}$ 存在，这个极限值 $\frac{\mathrm{d}s(t)}{\mathrm{d}t}$ 就叫做此物体在时刻 t 的瞬时速度，

简称速度。速度 $\frac{\mathrm{d}s(t)}{\mathrm{d}t}$ 也是时间 t 的函数，记作 $v(t)$。再设在时刻 t，物体的速度为 $v(t)$，在时刻 $t+\Delta t$，物体的速度为 $v(t+\Delta t)$，所以在 Δt 的这段时间里，物体平均增加的速度为

$$\frac{v(t+\Delta t)-v(t)}{\Delta t}=\frac{\Delta v}{\Delta t}，令 \Delta t \to 0，如果极限 \lim_{\Delta t \to 0}\frac{v(t+\Delta t)-v(t)}{\Delta t}=$$

$\frac{\mathrm{d}v(t)}{\mathrm{d}t}$ 存在，这个值 $\frac{\mathrm{d}v(t)}{\mathrm{d}t}$ 就叫做此物体在时刻 t 的瞬时加速度，简称加速度。此加速度也是时间 t 的函数，它也是位移函数 $s(t)$ 对时间 t 的导数的导

数，所以它也是位移函数 $s(t)$ 对时间 t 的二阶导数，可记作 $\dfrac{d^2 s(t)}{dt^2}$。总结以上我们就知道，物体做直线运动时，位移函数 $s(t)$ 对时间 t 的一阶导数 $\dfrac{ds(t)}{dt}$ 表示此物体的速度，二阶导数 $\dfrac{d^2 s(t)}{dt^2}$ 表示此物体的加速度。

根据牛顿第二定律，一个物体在几个力的合力作用下而运动，则其合力等于此物体的质量乘此物体运动的加速度。即

$$F = m \frac{d^2 s}{dt^2}$$

其中 F 表示作用于此物体上的合力，m 表示此物体的质量。现在车的动力 w，其方向向着火车前进的方向；另一个是空气阻力 p，这个阻力 p 的大小与火车的速度成正比，其方向与火车前进的方向相反，即 $p = -a\dfrac{ds}{dt}$。其中 a 是正比例常数，于是作用在火车上的力的合力等于 $F = w - a\dfrac{ds}{dt}$，从而得到火车运动时的数学模型：

$$m \frac{d^2 s}{dt^2} = w - a \frac{ds}{dt}$$

即

$$\frac{d^2 s}{dt^2} + \frac{a}{m}\frac{ds}{dt} - \frac{w}{m} = 0 \qquad\qquad ①$$

这种形式的方程叫做常微分方程。由于未知函数 $s(t)$ 关于 t 的导数最高是二阶，所以叫做二阶常微分方程。因为 $\dfrac{ds}{dt} = v$，所以 $\dfrac{d^2 s}{dt^2} = \dfrac{dv(t)}{dt}$，方程① 又可写成以下速度函数 $v(t)$ 关于时间 t 的一阶常微分方程：

$$\frac{dv}{dt} + \frac{a(t)}{m}v - \frac{w}{m} = 0 \qquad\qquad ②$$

此方程② 的解为

$$v = \frac{w}{a} + c e^{-\frac{a}{m}t} \qquad\qquad ③$$

其中 c 是任意常数，我们不想介绍方程②求解的过程，只来验证③确为②的解，为此我们还需要介绍一个指数函数的导数公式。

设 $x = e^{at}$ （a 为任意实数），则根据导数定义：

$$\frac{dx}{dt} = \lim_{\Delta t \to 0} \frac{x(t + \Delta t) - x(t)}{\Delta t} = \lim_{\Delta t \to 0} \frac{e^{a(t + \Delta t)} - e^{at}}{\Delta t}$$

$$= ae^{at} \lim_{\Delta t \to 0} \frac{e^{a\Delta t} - 1}{a\Delta t} = ae^{at}$$

于是得到公式：

$$\frac{d(e^{at})}{dt} = ae^{at} \qquad\qquad ④$$

注意，在这里我们利用了极限公式 $\lim\limits_{\Delta t \to 0} \frac{e^{\Delta t} - 1}{\Delta t} = 1$，此公式的来源我们不想进一步介绍了。有了导数公式④，我们将③式对 t 求导数得：

$$\frac{dv}{dt} = -\frac{ac}{m} e^{-\frac{a}{m}t} \qquad\qquad ⑤$$

将③和⑤代入方程②，即得恒等式：

$$-\frac{ac}{m} e^{-\frac{a}{m}t} + \frac{a}{m}\left(\frac{w}{a} + ce^{-\frac{a}{m}t}\right) - \frac{w}{m} \equiv 0$$

这就说明了③确为方程②的解。

③式中的任意常数 c 可由实际问题的条件所确定。例如设火车是在车站从静止状态开出的，所以可设 $t = 0$ 时，$v = 0$，代入③得 $0 = \frac{w}{a} + c$，即得到 $c = -\frac{w}{a}$，代入③式得火车的速度 v 关于时间 t 的确定的函数：

$$v = \frac{w}{a} - \frac{w}{a} e^{-\frac{a}{m}t} = \frac{w}{a}\left(1 - e^{-\frac{a}{m}t}\right) \qquad\qquad ⑥$$

这里 w、a 和 m 都是确定的常数，从函数⑥不难看出，当时间 t 逐渐增加时，火车速度 v 也随之逐渐增大；但当 t 无限增大时，v 却不会无限增大，它只能逐渐也接近于一个有限数 $\frac{w}{a}$，而决不会超过 $\frac{w}{a}$。这个数 $\frac{w}{a}$ 也叫做火车的极限速度。

火车行驶时的数学模型②，其实也是一个极粗糙的数学模型。火车行驶时的空气阻力 p 其实并不正比于速度，也即在 $p = -a\frac{ds}{dt}$ 中的 a 并不是一个正比例常数。a 与速度 v 有关，当 v 较小时，a 也较小；当 v 很大时，a 也很大。在实际应用时，当 v 很大的情况下，常常用 av 来代替 a，这时数学模型②就改写成：

$$\frac{dv}{dt}+\frac{a}{m}v^2-\frac{v}{m}=0 \qquad ⑦$$

其中 a 是一个正常数，但⑦仍然是一个不精确的数学模型。合理的数学模型应该是：

$$\frac{dv}{dt}+\frac{a(v)}{m}v^2-\frac{v}{m}=0 \qquad ⑧$$

但是怎样找到这个函数 $a(v)$ 呢？这是一个谜，即使找到了函数 $a(v)$ 合理表达式，又如何解这个数字模型⑧呢？这又是摆在数学工作者面前的一个难题。

直　线

　　直线是几何学基本概念，是点在空间内沿相同或相反方向运动的轨迹。其特点是没有一个端点，可以向两边无限延长，长度无法测量。

　　从平面解析几何的角度来看，平面上的直线就是由平面直角坐标系中的一个二元一次方程所表示的图形。

　　求两条直线的交点，只需把这两个二元一次方程联立求解，当这个联立方程组无解时，二直线平行；有无穷多解时，二直线重合；只有一解时，二直线相交于一点。常用直线与 X 轴正向的夹角（叫直线的倾斜角）或该角的正切（称直线的斜率）来表示平面上直线（对于 X 轴）的倾斜程度。可以通过斜率来判断两条直线是否互相平行或互相垂直，也可计算它们的交角。直线与某个坐标轴的交点在该坐标轴上的坐标，称为直线在该坐标轴上的截距。直线在平面上的位置，由它的斜率和一个截距完全可以确定。

　　在空间，两个平面相交时，交线为一条直线。因此，在空间直角坐标系中，用两个表示平面的三元一次方程联立，作为它们相交所得直线的方程。

负数的引入

今天人们都能用正负数来表示两种相反意义的量。例如若以冰点的温度表示 0℃，则开水的温度为＋100℃，而零下 10℃ 则记为－10℃。若以海平面为 0 点，则珠穆朗玛峰的高度约为＋8848 米，最深的马里亚纳海沟深约－11034 米。在日常生活中，人们常用"＋"表示收入，用"－"表示支出。可是在历史上，负数的引入却经历了漫长而曲折的道路。

古人在实践活动中遇到了一些问题：如两人相互借用东西，对借出方和借入方来说，同一东西具有不同的意义；再如从同一地点，两人同时向相反方向行走，离开出发点的距离即使相同，但其表示的意义却不同。久而久之，古人意识到仅用数量表示一个事物是不全面的，似乎还应加上表示方向的符号。因此为了表示具有相反意义的量和解决被减数小于减数等问题，逐渐产生了负数。

我国是世界上最早使用负数概念的国家。《九章算术》中已经开始使用负数，而且明确指出若"卖"是正，则"买"是负；"余钱"是正，则"不足钱"是负。刘徽注《九章算术》，定义正负数为"两算得失相反"，同时还规定了有理数的加、减法则，认为："正、负术曰：同名相益，异名相除"。

这"同名"、"异名"，即现在的"同号"、"异号"，"除"和"益"则是"减"和"加"，这些思想，西方要迟于中国八九百年才出现。

列举法解题

有 10 名选手参加了某次国际象棋比赛，每名选手都要和其他所有的选手比赛一次。比赛结果是：选手们所得的分数全不一样，第一名和第二名一次都没有输；前两名的总分比第三名多 10 分，第四名与最后四名所得分的总和相等。请问：从第一名到第六名选手，每人各得多少分（规定：每次比赛获胜时

得 1 分，平局时各得 $\frac{1}{2}$ 分)?

解：如果我们没有学过排列组合知识，可先学会这样计算比赛次数：比如 4 名选手之间，如果每名选手都要和其他所有选手比赛一次的话，则共比赛 6 次（即甲乙、甲丙、甲丁、乙丙、乙丁、丙丁）3＋2＋1＝6（次）；如果是 10 名选手呢，则共比赛 9＋8＋7＋6＋5＋4＋3＋2＋1＝45（次）。

由于第一名与第二名一次都没输，则他们之间的比赛一定是平局，而每人最多比赛 9 次，所以第一名最多得 8.5 分，第二名最多得 8 分。最后 4 名之间的比赛共有 6 次，至少得 6 分，即第四名至少得 6 分，第三名至少得 6.5 分。又因前二名最多得 16.5 分，所以第三名最多得 6.5 分，从而第三名一定得了 6.5 分，第四名是 6 分，前两名合计得 16.5 分，冠军 8.5 分，亚军 8 分。这 10 名选手共比赛 45 次，总分为 45 分，其中后六名的总分为 45－（8.5＋8＋6.5＋6）＝16，因为后四名的总分为 6 分，所以第五、六名的总分为 10 分，只有第五名 5.5 分，第六名 4.5 分才符合题意。综上所述，前六名选手的得分数依次是：8.5，8，6.5，6，5.5，4.5。

还有这样一道题。从 1 到 100 的自然数中，每次取两个数相加，要求它们的和大于 100，比如一个数取 1，另一个数取 100，其和 1＋100＞100，这是符合条件的一种取法；再如一个数取 2，另一个数取 99，其和 2＋99＞100，这也是符合条件的一种取法，……请你算一下，满足条件的取法一共有多少种？

我们采取一一列举的方法，把所有可能的取法都考虑到。

从 1 到 100 这 100 个不等的数中，每次取出两个，其中必有一个较小的。我们这样来取数：

较小的数是 1，只有 1 种取法，即 {1，100}；

较小的数是 2，只有 2 种取法，即 {2，99}，{2，100}；

较小的数是 3，只有 3 种取法，即 {3，98}，{3，99}，{3，100}；

……

较小的数是 50，有 50 种取法，即 {50，51}，{50，52}，…，{50，100}；

较小的数是 51，有 49 种取法，即 {51，52}，{51，53}，…，{51，100}；

……

较小的数是 99，有 1 种取法，即 ｛99，100｝。

所以共有取法

$$1+2+3+\cdots+49+50+49+48+\cdots+2+1$$

$$=2\times\left[\frac{(1+49)\times49}{2}\right]+50=2500（种）。$$

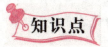

知识点

列 举 法

列举法是一种借助对一具体事物的特定对象（如特点、优缺点等）从逻辑上进行分析并将其本质内容全面地一一罗列出来的手段，再针对列出的项目一一提出改进的方法。

列举法主要有：属性列举法、希望点列举法、优点列举法和缺点列举法。

属性列举法是偏向物性、人性的特征来思考，主要强调于创造过程中观察和分析事物的属性，然后针对每一项属性提出可能改进的方法，或改变某些特质（如大小、形状、颜色等），使产品产生新的用途。属性列举法的步骤是条列出事物的主要想法、装置、产品、系统，或问题的重要部分的属性。然后改变或修改所有的属性列举法。其中，我们必须注意一点，不管多么不切实际，只要是能对目标的想法、装置、产品、系统，或问题的重要部分提出可能的改进方案，都是可以接受的范围。

▶ 延伸阅读

动物与数学

由于生存的需要，动物肌体的构造为了适应客观环境，常常符合某种数学规律或者具有某种数学本能。许多事实是非常有趣的。

老虎、狮子是夜行动物，到了晚上，光线很弱，但它们仍然能外出活动捕猎。这是什么原因呢？原来动物眼球后面的视网膜是由圆柱形或圆锥形的细胞组成的。圆柱形细胞适于弱光下感觉物体，而圆锥形细胞则适合于强光下的感觉物体。在老虎、狮子一类夜行动物的视网膜中，圆柱细胞占绝对优势，到了晚上，它们的眼睛最亮，瞪得最大，直径能达 3～4 厘米。所以，光线虽弱，但视物清晰。

冬天，猫儿睡觉时，总是把自己的身子尽量缩成球状，这是为什么？原来数学中有这样一条原理：在同样体积的物体中，球的表面积最小。猫身体的体积是一定的，为了使冬天睡觉时散失的热量最少，以保持体内的温度尽量少散失，于是猫儿就巧妙地"运用"了这条几何性质。

我们都知道跳蚤是"跳高冠军"。1910 年，美国人进行过一次试验，发现一只跳蚤能跳 33 厘米远，19.69 厘米高。这个高度相当于它身体长度的 130 倍。按照这样的比例，如果一个高 1.70 米高的成年人，能像跳蚤那样跳跃的话，可以跳 221 米高，相当于 70 层楼的高度。

蚂蚁是一种勤劳合群的昆虫。英国有个叫亨斯顿的人曾做过一个试验：把一只死蚱蜢切成三块，第二块是第一块的两倍，第三块又是第二块的两倍，蚂蚁在组织劳动力搬运这些食物时，后一组均比前一组多一倍左右，似乎它也懂得等比数列的规律哩！

桦树卷叶象虫能用桦树叶制成圆锥形的"产房"，它是这样咬破桦树叶的：雌象虫开始工作时，先爬到离叶柄不远的地方，用锐利的双颚咬透叶片，向后退去，咬出第一道弧形的裂口。然后爬到树叶的另一侧，咬出弯度小些的曲线。然后又回到开头的地方，把下面的一半叶子卷成很细的锥形圆筒，卷 5～7 圈。然后把另一半朝相反方向卷成锥形圆筒，这样，结实的"产房"就做成了。

相等的奥秘

在一张日历表上任取一个由 16 个数组成的正方形，如图①。这个正方形四个角上的数之和是 2＋5＋23＋26＝56。

在这个正方形中，任取一个你喜欢的数，如 10，然后划去同一行和同一列上的其他各数，如图②。在余下的数中，再任取一个数，并划去同一行和同

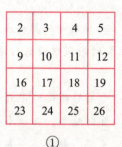

2	3	4	5
9	10	11	12
16	17	18	19
23	24	25	26

① ② ③

一列上的其他各数。在第二次余下的数中，再一次重复上面的过程，使每一行和每一列上都只剩下一个数，如图③。奇怪的是，这样剩下的四个数之和必定等于正方形四个角上的四个数之和。不信的话，请你再试试看。

怎么总是会相等呢？

解：这样的 16 个数，用文字表示，可以写成：

a $a+1$ $a+2$ $a+3$

b $b+1$ $b+2$ $b+3$

c $c+1$ $c+2$ $c+3$

d $d+1$ $d+2$ $d+3$

且 $a+d=b+c$。

四个角上的数之和是

$a+d+(d+3)+(a+3)=2(a+d)+6$。

由于所圈的四个数在不同的行和不同的列上，所以它们的和中，字母 a、b、c、d 和数字 0、1、2、3 必定各出现一次，即和为 $a+b+c+d+0+1+2+3=2(a+d)+6$。

这就证明了，这样所圈的四个数之和必定等于四个角上的四个数之和。

知识点

角

具有公共端点的两条射线组成的图形叫做角。这个公共端点叫做角的顶点，这两条射线叫做角的两条边。角也可以理解为，一条射线绕着它的端点

从一个位置旋转到另一个位置所形成的图形叫做角。所旋转射线的端点叫做角的顶点，开始位置的射线叫做角的始边，终止位置的射线叫做角的终边。角的符号为：∠。

　　角的大小与边的长短没有关系；角的大小决定于角的两条边张开的程度，张开的越大，角就越大；相反，张开的越小，角则越小。在动态定义中，取决于旋转的方向与角度。角可以分为锐角、直角、钝角、平角、周角、负角、正角、优角、劣角、0 角这 10 种。以度、分、秒为单位的角的度量制称为角度制。此外，还有密位制、弧度制等。

▶▶▶ 延伸阅读

对　称　数

　　文学作品有"回文诗"，如"山连海来海连山"，不论你顺读，还是倒过来读，它都完全一样。有趣的是，数学王国中，也有类似于"回文"的对称数！

先看下面的算式：

$11 \times 11 = 121$

$111 \times 111 = 12321$

$1111 \times 1111 = 1234321$

······

　　由此推论下去，12345678987654321 这个 17 位数，是由哪两数相乘得到的，也就不言而喻了！

　　瞧，这些数的排列多么像一列士兵，由低到高，再由高到低，整齐有序。

　　还有一些数，如：9461649，虽高低交错，却也左右对称。假如以中间的一个数为对称轴，数字的排列方式，简直就是个对称图形了！因此，这类数被称为"对称数"。

　　对称数排列有序，整齐美观，形象动人。

　　那么，怎样能够得到对称数呢？

　　经研究，除了上述 11、111、1111、…自乘的积是对称数外，把某些自然数与它的逆序数相加，得出的和再与和的逆序数相加，连续进行下去，也可得到对称数。

15851 便是对称数。

再如：7234

$7234+4327=11561$

$11561+16511=28072$

$28072+27082=55154$

$55154+45155=100309$

$100309+903001=1003310$

$1003310+0133001=1136311$

对称数也出现了：1136311。

对称数还有一些独特的性质：

1. 任意一个数位是偶数的对称数，都能被 11 整除。如：

$77÷11=7$ $1001÷11=91$

$5445÷11=495$ $310013÷11=28183$

2. 两个由相同数字组成的对称数，它们的差必定是 81 的倍数。如：

$9779-7997=1782=81×22$

$43234-34243=8991=81×111$

$63136-36163=26973=81×333$

蜘蛛捉苍蝇

一只蜘蛛在一块长方体木块的一个顶点 A 处，一只苍蝇在这个长方体上和蜘蛛相对的顶点 C_1 处（如图所示）。蜘蛛急于捉住苍蝇，沿着长方体的表面向上爬。它要从 A 点爬到 C_1 点，有无数条路线，它们有长有短。蜘蛛究竟应该沿着怎样的路线爬上去，所走的距离最短，从而在一定的速度之下，才能以最短的时间捉住苍蝇？

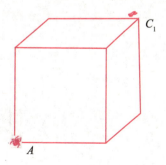

为了叙述方便，我们把长、宽、高分别用字母表示，如图所示，设 $AB=a$，$BC=b$，$CC_1=c$，且设 $a>b>c>0$，那么从 A 到 C_1 的爬行最短路线有三条可供选择。

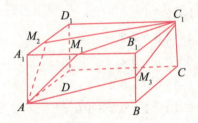

（1）由前面 ABB_1A_1 经上面 $A_1B_1C_1D_1$（或由下面经后面），如图所示所示，最短距离为

$$\sqrt{a^2+(b+c)^2}=\sqrt{a^2+b^2+c^2+2bc}。 \qquad ①$$

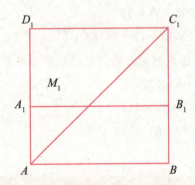

（2）由左面 ADD_1A_1 经上面 $A_1B_1C_1D_1$（或由下面经右面），如图所示，最短距离为

$$\sqrt{(a+c)^2+b^2}=\sqrt{a^2+b^2+c^2+2ac}。 \qquad ②$$

（3）由前面 ABB_1A_1 经右面 BCC_1B_1（或由左由经后面），如图 192－4 所示，最短距离为

$$\sqrt{(a+b)^2+c^2}=\sqrt{a^2+b^2+c^2+2ab}。 \qquad ③$$

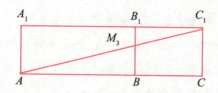

比较①②③，因为 $a>b>c$，所以 $2ab>2ac>2bc$。因此①式的值最小，也就是说，蜘蛛沿着 AM_1C_1 的路线爬上去路线最短。

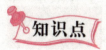 知识点

高

从三角形一个顶点向它的对边（或对边所在的直线）作垂线，顶点和垂足间的线段叫做三角形的高线，简称为高。由定义知，三角形的高是一条线段。由于三角形有三条边，所以三角形有三条高。

从平行四边形一条边上的一点到对边引一条垂线，这点到垂足之间的线段叫做平行四边形的高。垂足所在的边叫做平行四边形的底。由定义知，一个平行四边形可以有无数条高，但只有四个底。

延伸阅读

关系符号

表示数与数、式与式或式与数之间的某种关系的特定符号，叫做关系号。有等号、大于号、小于号、约等于号、不等号等等。

（1）等号：表示两个数或两个式或数与式相等的符号，记作"＝"，读作"等于"。例如：3＋2＝5，读作"三加二等于五"。第一个使用符号"＝"表示相等的是英国数学家雷科德。

（2）大于号：表示一个数（或式）比另一个数（或式）大的符号，记作"＞"，读作"大于"。例如：6＞5，读作"六大于五"。

（3）小于号：表示一个数（或式）比另一个数（或式）小的符号，记作"＜"，读作"小于"。例如：5＜6，读作"五小于六"。大于号和小于号是英国数学家哈里奥特于17世纪首先使用的。

（4）约等于号：表明两个数（或式）大约相等的符号，记作"≈"，读作"约等于"。例如：π≈3.14，读作"π约等于三点一四"。

（5）不等号：表示两个数（或式）不相等的符号，记作"≠"，读作"不等于"。例如：4＋3≠9，读作"四加三不等于九"。

三角知识解趣题

下面的题目是第12届全俄数学奥林匹克提出的一道有趣的狼追兔子的算题。

如图所示，直线 L 为树林的边界，兔子和狼分别位于直线 L 的垂线 AC 上的 A 点和 B 点处（ $AB＝BC＝a$ ）。它们都以固定的速度奔跑，而兔子的奔跑速度是狼的奔跑速度的两倍。如果狼比兔子早或者与兔子同时到达某点，兔子就会被狼逮住。设兔子沿线段 AD 进入树林，对于直线 L 上怎样的点 D ，兔子才会在线段 AD 上不被狼逮住呢？

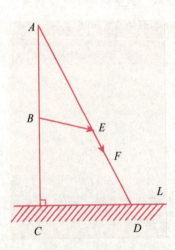

我们应用三角的知识来解决这个问题。

在射线 AD 上任取一点 E ，当儿狼跑到 E 点时，兔子应跑到 E 点前面某点 F 处才能不被狼逮住。由于兔子的速度是狼速度的两倍，所以应有

$AE < AF = 2BE$。由余弦定理：

$$AE^2 + AB^2 - 2AE \cdot AB\cos A = BE^2,$$

利用不等式 $AE^2 < 4BE^2$ 进行代换，得

$$\frac{3}{4}AE^2 - 2AB \cdot AE \cdot \cos A + AB^2 > 0,$$

对于任意长 AE 总应成立，故其判别式应小于 0，即

$$4AB^2 \cdot \cos^2 A - 3AB^2 < 0.$$

由此可得

$$\cos A < \frac{\sqrt{3}}{2}, \quad \angle A > 30°,$$

$$\tan A > \frac{\sqrt{3}}{3}.$$

因为 $\tan A = \dfrac{CD}{AC}$，所以 $CD > \dfrac{2\sqrt{3}}{3}a$ 时兔子不会在线段 AD 上被狼逮住（在整个射线 AD 上都是安全的）。

一般地，如兔子的速度是狼速度的 k 倍（$k > 1$），由 $AE > k \cdot BE$ 及完全同样的方法，可知当 k 与 $\cos A$ 满足不等式 $\cos A < \dfrac{\sqrt{k^2-1}}{k}$ 时，兔子沿角 A 所指的射线方向能逃脱狼的追捕。

知识点

射线

直线上的一点和它一旁的部分所组成的图形称为射线。射线只有一个端点，它从一个端点向另一边无限延长。射线不可测量。

延伸阅读

决定生死的一句话

传说古代有一个阴险狡诈、残暴凶狠的国王。有一次他抓到一个反对者，决意要将他处死。虽说国王心中早已打定注意，然而嘴上却假惺惺地说："让上帝的旨意决定这个可怜人的命运吧！我允许他在临刑前说一句话。如果他讲的是假话，那么他将被绞死；如果他讲的是真话，那么他将被斩首；只有他的话使我缄默不言，那才是上帝的旨意让我赦免他。"

在这番冠冕堂皇话语的背后，国王的如意算盘是：尽管话是由你讲的，但判定真话、假话的权利在我，该绞该斩还不是凭我的一句话！

的确，如果判断的前提只凭国王孤立的一句话，那么这位反对者是必死无疑的了。然而国王无论如何没有料到，要是判断真话或假话的前提是指自己所说话的意思，那么情况完全变了样。聪明的囚犯正是利用这一点，使自己获释的。

于是，犯人说："我将被绞死。"

对这句话国王能怎么判断呢？如果他断言这句话是"真话"，那么此时按规定犯人应当处斩，然而犯人说的是自己"将被绞死"，因而显然不能算为"真话"。又若国王判定此话为"假话"，那么按说假话的规定，犯人将被受绞刑，但犯人恰恰就是说自己"将被绞死"，这岂不表明他的话是真的吗？可见也不能断为假话。

由于国王无法自圆其说，为了顾全自个儿的面子，只好让犯人得到自由。

起点的选择

甲、乙两人在一个圆形场地上做选择起点的游戏。假设在圆形场内一点 P 有一旗杆（如图）。甲、乙两人站在广场圆周的某两个地方，约定相对着沿笔直方向前进。甲是小跑，乙是慢走，甲的速度是乙的速度的 2 倍。如果他们要

在旗杆 P 处相遇，那么，他们开始应该站在圆形场地边上的什么位置？

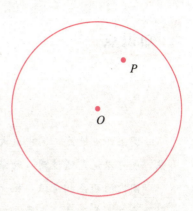

解：既然甲乙两人相对着笔直前进，他们所走的路线，就是圆上的一条弦。他们又相遇在旗杆 P 处，所以点 P 在弦上。另外，甲的速度是乙的两倍，就是甲走的路程是乙的两倍。这样，也就是要过 P 点作一弦，使 P 点分这弦的长度为 $2:1$。

我们来作这条弦。

设圆 O 的半径长为 R。以 O 为圆心，$\frac{2}{3}R$ 为半径画一个圆。以 D 为圆心，

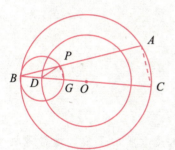

$\frac{1}{3}R$ 的半径画一弧，与前一圆交于点 G。连接 OD，与圆周交于 B、C，连接 BP，交圆周于 A，AB 为所求的路径，A、B 为选择的起点（如图所示）。

为什么 A、B 满足题目的条件？我们来加以证明。

以 D 为圆心，DB 为半径画一圆，与 BC 交于 G，连接 AC，PG。

$\because DP=DB=\frac{1}{3}R$，$BG=\frac{2}{3}R$，

$\angle GPB=90°$，$\angle CAB=90°$，

$\therefore \triangle BGP \backsim \triangle BCA$。

$\therefore \dfrac{BP}{BA}=\dfrac{BG}{BC}=\dfrac{\frac{2}{3}R}{2R}=\dfrac{1}{3}$，

$\therefore BP:AP=1:2$。

也就是甲站在 A 点，乙站在 B 点，相对方向前进，能在 P 点相遇。

P 点也可能在半径为 $\frac{2}{3}R$ 的圆之外。请你证明，结果也一样。

 知识点

弦

圆上两点连线，圆中最大长度的弦是过圆心的弦，直径就是最大长度的弦，也可以说是通过圆心的弦。

圆内的两条相交弦，被交点分成的两条线段长的积相等（经过圆内一点引两条弦，各弦被这点所分成的两段的积相等）。

➤ 延伸阅读

数学家眼中的数学

培根指出："数学是打开科学大门的钥匙。"

数学王子高斯说："数学是科学的王后，算术是数学的王后。她常常放下架子为天文学和其他科学效劳，但是在所有情况下第一位的是她应尽的责任。"

罗素赞赏道："数学，不但拥有真理，而且有至高无上的美。"

考特认为："数学是人类智慧王冠上最灿烂的明珠。"

希尔伯特说："数学科学是一个不可分割的有机整体，它的生命力正是在于它各部分之间的联系。"

米斯拉说："数学是代表人类抽象思维方面的最高成就和胜利。"

格拉斯曼说："数学除了锻炼敏锐的理解力，发现真理外，它还有另一个训练全面考查科学系统的头脑的开发功能。"

爱因斯坦说："……数学之所以有高声誉，还有另一个理由，那就是数学给予精密自然科学以某种程度的可靠性，没有数学，这些科学是达不到这样的可靠性的。"

著名数学史家克莱因认为："数学是一种精神，一种理性的精神。数学是西方文化中的一种主要的文化力量！"

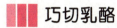

巧切乳酪

乔记餐馆以美味乳酪而远近闻名。块块乳酪状如圆盘，绕有风趣。一刀下去，就把一块乳酪一切为二。连切两刀，不难将其分成四块，三刀则切成六块。一天，女招待罗西请乔把乳酪切成八块。乔："很简单，我只要这样切四刀就成了。"罗西把切好的乳酪往桌子上送时，忽然悟到乔只需要切三刀便可以把乳酪分成八块。罗西想出了什么妙主意？

罗西豁然开朗，悟到圆柱形乳酪是一个立体图形，可以在中线处横截一刀将其一切为二。如果允许移动切开的部分，那么连切三刀也行。可以把第一次切开的两块叠放在一起，切第二刀成四块，再把四块叠放在一起，最后一刀切成八块。罗西的解法是如此简单，几乎可以说是平凡的。然而它给人以明确的启示：对于有意义的切分问题，可以用有限差分演算进行研究并用数学归纳法加以证明。有限差分演算是发现数字序列普通项公式的有力工具。今天，数字序列日益引起人们的兴趣，因为它具有极其广泛的实际应用范围，还因为计算机能够以极快的速度执行序列的运算。

罗西第一次切乳酪的方法是在乳酪顶面的若干中线同时切数刀。乳酪具有如同薄饼那样平坦的顶面。让我们来观察一下，根据在一张薄饼上切数刀的过程，能够生成一些什么数字序列。假如沿着薄饼若干中线同时切数刀，显然，同时切 n 刀至多可以切出 $2n$ 块。

若在其边沿为一条简单闭合曲线的任意平面上同时切下 n 刀，这种方法所切成的块数，是否最多也是 $2n$ 块呢？否。可以随意画出许多既非凸面，并且形状各异的平面，即使一刀也可切成你所希望的块数。能否画出一种图形，仅切一刀便可以切出任何有限数目的全等的块？若能办到，这种图形的周长应具有什么特性，才能确保只需要一刀便可以切成全等的 n 块？若不同时进行切分，薄饼的切分将更为有趣。你很快会发现：仅当 $n \geqslant 3$ 时，切 n 刀方可切成不止 $2n$ 块。

这里，我们并不考虑所切成的块是否全等或面积相同。当 $n=1$，2，3，

4，…时，可以切成的最多块数分别是 2，4，7，11。这一大家所熟悉的序列是根据下列公式求得的：

$1+n(n+1)/2$

其中，n 是所切的刀数。此序列的前 10 项（n 自 0 开始）是 1，2，4，7，11，16，22，29，37，46，…

请注意，第一行差分是 1，2，3，4，5，6，7，8，9，…第二行差分是 1，1，1，1，1，1，1，1，1，…

这强烈地暗示着此序列的普通项是一个二次项。

为什么说"强烈暗示"呢？因为虽然可以用有限差分演算找到一个公式，但是并不能保证该公式对于无限序列也成立。这一点尚需证明。在薄饼公式这一例子中，不难通过数学归纳法做出一个简单的证明。

从这点出发，你可以发现大量的引人入胜的研究方向，其中有许多将导致非同寻常的数字序列、公式以及数学归纳法证明。这里有一些问题可供你作为初步尝试。采用下列各种方法，最多可以切成几块？

1. 在马蹄形的薄饼上切 n 刀。

2. 在球形或罗西所切的那种圆柱形乳酪上切 n 刀。

3. 用切小圆甜饼的刀在薄饼上切 n 刀。

4. 在状如烛环状（即中心有一个圆孔）的薄饼上切 n 刀。

5. 在油炸圈（圆环）上切 n 刀。

关于以上这些问题，假设切分是同时进行的，若改成连切方式，并且允许重新安排切开的部分，那么答案也就相应变化了。

圆　柱

在同一个平面内有一条定直线和一条动线，当这个平面绕着这条定直线旋转一周时，这条动线所成的面叫做旋转面，这条定直线叫做旋转面的轴，这条动线叫做旋转面的母线。如果母线是和轴平行的一条直线，那么所生成的旋转面叫做圆柱面。如果用垂直于轴的两个平面去截圆柱面，那么两个截面和圆柱面所围成的几何体叫做直圆柱，简称圆柱。

　　与圆柱等底等高的圆锥体积是圆柱体积的 1/3。体积和高相等的圆锥与圆柱（等底等高）之间，圆锥的底面积是圆柱的 3 倍。体积和底面积相等的圆锥与圆柱（等底等高）之间，圆锥的高是圆柱的 3 倍。

▸▸▸ **延伸阅读**

鸟蛋中的数学

　　鸟蛋，包括鸡蛋、鸭蛋、鹅蛋，形状类似，但大小各不相同。

　　鸵鸟蛋，是世界上现存的最大的鸟蛋。一只鸵鸟蛋有 15～20 厘米长，1.65～1.76 千克重，一只鸵鸟蛋等于 33～35 个鸡蛋那么重。鸵鸟蛋的蛋壳很厚，有 2.5 毫米，因此非常牢固。一个 94 千克重的大胖子站到这个鸵鸟蛋上，也不会把它压破。由于蛋壳太厚，而且蛋又太大，如果放在水里煮的话，得花 40 分钟才能煮熟。

　　平常我们总认为麻雀是很小的飞禽，可是最大的蜂鸟，还不及中等麻雀大，而最小的蜂鸟只有麻雀的 1/10。蜂鸟下的蛋只有豌豆那么大，重量只有 0.2 克，它是鸟蛋中最小的一种蛋。250 个蜂鸟蛋才抵得上一个鸡蛋重，8500 个蜂鸟蛋才抵得上一个鸵鸟蛋。

　　你经常吃鸡蛋，恐怕没有研究过鸡蛋能不能直立的问题。日本有一对父子对竖蛋问题研究了 50 年，居然发现了其中的一些规律。粗看蛋壳，似乎是光滑的，用手仔细抚摸蛋壳面，就会发现蛋壳表面是凹凸不平的。若在放大镜下观察，可看到蛋壳上有绵延起伏的"山岭"。"岭"的高度约为 0.03 毫米，顶点之间相距 0.5～0.8 毫米。如果蛋壳表面有三个"山岭"，这三个山岭构成一个三角形，且这个鸡蛋的重心又落在这个边长为 0.5～0.8 毫米的三角形内，这个鸡蛋就可以直立起来。鸡蛋的这个竖立特性是符合几何性质的。在几何中有这样一条性质：过不在同一直线上的三点可以确定一个平面。蛋面上这三个凸点可构成一个三角形，三顶点不在一直线上，所以过这三点可确定一个平面。因为重心落在三角形内部，根据重心性质，鸡蛋就能比较平稳地站立了。据试验，一般说来，刚生下来的蛋不易竖立，过4～7天后，就比较容易竖立了。但日子过长，竖立又变得困难。另据我国天津大学申泮文教授试验，鸡蛋大头朝下更容易立得稳。

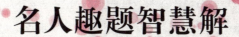

名人趣题智慧解

如果说数学练习是锻炼人们头脑的体操，那么智力训练则是使我们聪慧的钥匙，古往今来，多少名流、智者，多少天骄、圣贤，都酷爱用智慧去解数学趣题。其中，不仅有数学泰斗，也有文学大家，不仅有物理巨匠，也有学界名流，让我们一起领略他们的智慧人生吧。

围地的学问

俄国著名作家列夫·托尔斯泰在他的作品中写了这样一个故事：

巴霍姆想到巴什基尔人的草原上买两块地。他问卖地人价钱如何，卖地人说："每天 1000 卢布。就是你如果愿出 1000 卢布，那么你从日出到日落走过的路所围成的地就都归你。不过，要是你在日落之前回不到原来出发的地方，你的钱就算白花了。"

巴霍姆觉得很合算，就付了 1000 卢布。第二天，太阳刚从地平线上一露面，他就连忙在大草原上奔跑起来。他先笔直往前跑了 10 千米，才朝左拐弯；接着又走了 13 千米，再向左拐弯；这样又走了 2 千米。这时，他发现太阳离地平线不远了，于是马上改变方向，笔直朝出发地点跑去。跑呀，跑呀，太阳已有一部分隐藏到地平线下去了，他还离开出发地点一段路呢。为了不使 1000 卢布白费，他用尽力气拼命地跑，总算在太阳全部消失之前赶回到出发地点。可是他向前一扑，口吐鲜血，再也站不起来了。

贪婪的巴霍姆为了能得到尽可能多的土地，结果累死了，弄得人财两空，这是他自作自受。但是，他却给我们留下了一个数学问题。下面我们来研究一下。

仔细阅读前面的故事把巴霍姆跑过的路程画出来就可以看出，形状是一个梯形。

它的面积是（10＋2）×13÷2＝78（平方千米）。

那么，巴霍姆的体力如果一天能跑40千米的话，他应该围怎样的矩形，才能得到尽可能大的面积？

学过二次函数的朋友会得到正确的答案——边长为10千米的正方形围成的面积最大。

事实上，设矩形的边长为 x 千米，则相邻边长 $\dfrac{40-2x}{2}$ 千米。

$\therefore$ 矩形面积 $S=（20-x）x=-x^2+20x$ 当 $x=10$ 时，S 有最大值

$$S_{最大}=\frac{4\times(-1)\times0-400}{4\times(-1)}=100（平方千米）。$$

 知识点

1 平方千米＝100 公顷；1 公顷＝100 公亩；

1 公亩＝100 平方米。1 公顷＝15 亩；

1 平方米＝0.0015 亩。

 延伸阅读

古希腊数学家欧几里得

欧几里得，古希腊数学家。以其所著的《几何原本》闻名于世。关于他的生平，现在知道的很少。早年大概就学于雅典，公元前 300 年左右，在托勒密王（前 364—前 283）的邀请下，来到亚历山大，长期在那里工作。他是一位温良敦厚的教育家，对有志数学之士，总是循循善诱。据普罗克洛斯（约 410—485）记载，托勒密王曾经问欧几里得，除了他的《几何原本》之外，还有没有其他学习几何的捷径。欧几里得回答说："在几何里，没有专为国王铺设的大道。"这句话后来成为传诵千古的学习箴言。斯托贝乌斯记述了另一则故事，说一个学生才开始学第一个命题，就问欧几里得学了几何学之后将得到些什么。欧几里得说：给他三个钱币，因为他想在学习中获取实利。

欧几里得将公元前 7 世纪以来希腊几何积累起来的丰富成果整理在严密的逻辑系统之中，使几何学成为一门独立的、演绎的科学。除了《几何原本》之外，他还有不少著作，可惜大都失传。《已知数》是除《原本》之外唯一保存下来的。他的希腊文纯粹几何著作，体例和《几何原本》前 6 卷相近，包括 94 个命题，指出若图形中某些元素已知，则另外一些元素也可以确定。《图形的分割》现存拉丁文本与阿拉伯文本，论述用直线将已知图形分为相等的部分或成比例的部分。《光学》是早期几何光学著作之一，研究透视问题，叙述光的入射角等于反射角，认为视觉是眼睛发出光线到达物体的结果。

欧几里得的《几何原本》中收录了 23 个定义，5 个公理，5 个公设，并以此推导出 48 个命题（第一卷）。

名画中的难题

波格达诺夫·别列斯基的名画"难题",画的是在一个宽敞明亮的教室里,正面墙的左边挂着一个人物肖像,在肖像左前方地上放着一个木架托着的黑板,黑板正中端端正正地写着难题——$\dfrac{10^2+11^2+12^2+13^2+14^2}{2}$。黑板前面的孩子,有的手摸下颌低头沉思;有的手摸后脑两腿开立平视前方在冥想;在50多岁的老师两旁的孩子,一个搀扶着老师面带微笑,似乎已解出此题,另一个在老师的耳边低声细语,老师满意地点头,好像给学生以肯定的回答。

许多人都知道这幅名画,但看这画的人对其中所示的难题内容作深入了解的恐怕就不多了。这个难题是要用口算算出$\dfrac{10^2+11^2+12^2+13^2+14^2}{2}$的结果。

这个题目确实不大容易。但有位老师即画中的老师拉金斯基的学生们解决得很好。原因是拉金斯基是有名的数学教师,他教口算时,能熟练地运用整数的性质解题。此题就运用性质:$10^2+11^2+12^2=13^2+14^2=365$。所以,画中难题的答案是365。

初中代数使我们有办法把这个有趣的难题推广一点。这样连续的五个自然数是唯一的吗?还有没有别的五个连续的自然数呢?

问题:求五个连续的整数,使其中前三个的平方和等于后两个的平方和。

解:设连续整数中的第二个为x,则其余的四个分别为$x-1$,$x+1$,$x+2$,$x+3$。

据题意有方程 $(x-1)^2+x^2+(x+1)^2=(x+2)^2+(x+3)^2$。

去掉括号化简得：$x^2-10x-11=0$，

解上述方程式，得：

$x=5\pm\sqrt{25+11}=11$ 或 -1

∴ 满足条件的两组整数是：

10，11，12，13，14。

−2，−1，0，1，2。

拉金斯基的题目，则与第一组数有关。

平　方

平方是一种运算，比如，a 的平方表示 $a\times a$，简写成 a^2。例如 $4\times4=16$，$8\times8=64$。

相传印度有位大臣发明了国际象棋，献给了国王，国王很感激，就答应满足他一个要求：在棋盘上放米粒。第一格放一粒，第二格放两粒，然后是 4 粒，8 粒，16 粒……直到放到 64 格。国王哈哈大笑，认为他很傻，以为只要这么一点儿米。事实真的如此吗？

按照大臣的要求，放满 64 个格，需米 $1+2+2^2+2^3+\cdots+2^{63}=2^{64}-1$ 粒。这个数是 18446744073709551615，是个二十位数。这些米别说倾空国库，就是整个印度，甚至全世界的米，都无法满足这个大臣的要求！

▶▶▶ 延伸阅读

伟大的数学家阿基米德

阿基米德（约前 287—前 212），古希腊著名的数学家、物理学家。

公元前 287 年，阿基米德诞生于西西里岛的叙拉古（今意大利锡拉库萨）。

他出生于贵族，与叙拉古的赫农王有亲戚关系，家庭十分富有。阿基米德的父亲是天文学家兼数学家，学识渊博，为人谦逊。他11岁时，借助与王室的关系，被送到古希腊文化中心亚历山大里亚城去学习。

亚历山大位于尼罗河口，是当时文化贸易的中心之一。这里有雄伟的博物馆、图书馆，而且人才荟萃，被世人誉为"智慧之都"。阿基米德在这里学习和生活了许多年，曾跟很多学者交往密切。他在学习期间对数学、力学和天文学有浓厚的兴趣。在他学习天文学时，发明了用水利推动的星球仪，并用它模拟太阳、行星和月亮的运行及表演日食和月食现象。为解决用尼罗河水灌溉土地的难题，它发明了圆筒状的螺旋扬水器，后人称它为"阿基米德螺旋"。

公元前240年，阿基米德回叙拉古，当了赫农王的顾问，帮助国王解决生产实践、军事技术和日常生活中的各种科学技术问题。

公元前212年，古罗马军队攻陷叙拉古，正在聚精会神研究科学问题的阿基米德，不幸被蛮横的罗马士兵杀死，终年75岁。阿基米德的遗体葬在西西里岛，墓碑上刻着一个圆柱内切球的图形，以纪念他在几何学上的卓越贡献。

阿基米德是无可争议的古代希腊文明所产生的最伟大的数学家及科学家，他在诸多科学领域所作出的突出贡献，使他赢得同时代人的高度尊敬。

巧算灯泡容积

爱迪生（1847—1931），是世界著名的学者和发明家。他出生于美国俄亥俄州的小镇——米兰。童年时代的爱迪生就是个非常好奇的孩子。他的小脑袋里总是装着一连串奇奇怪怪的问题。他喜欢读书和做实验。他一生中的大部分时间都在实验室中度过。仅在1869—1910这41年中，爱迪生就取得电灯、留声机、有声电影等1328项发明专利，平均每11天有一种发明问世，为人类文明作出了杰出的贡献，因此，爱迪生被人们称为"发明大王"。这里，我们要讲的是爱迪生发明灯泡时的一个小故事。

1878年的一天，爱迪生像往常一样，埋头在实验室里工作，他把一个没旋上口的梨子形玻璃灯泡递给助手，说："请计算一下这只灯泡的容积"。

这位年轻的助手名叫阿普顿，不久前才到爱迪生的实验室来工作。他想：自己是名牌大学数学系的毕业生，计算一个小小灯泡的容积大概不会有什么困难。于是，二话没说就接过了灯泡。可他开始计算时，却傻了眼：这灯泡算什么图形呢？球形？显然不对！圆柱形？更不是了！……阿普顿搔了搔后脑勺，拿出软尺在灯泡的里里外外、上上下下地量了起来，又是表面积，又是周长……他一边量，一边拿出笔来，把测得的数字记在本子上，然后，详细地画了图样，又列了一道道算式，这才伏在桌上计算起来……

半个多小时过去了，阿普顿算得满头大汗，那些数据却越算越多，越算越复杂，这是怎么回事呢？真让人着急。"唉，没想到这个小灯泡还真不容易算出容积来呢！"阿普顿一边想，一边皱着眉头飞快地算着。

一个多小时过去了，爱迪生完成了手头的试验。他走到阿普顿身旁，关切地问："怎么样，算出来了吗？"

"还没呢，您瞧，只算出了一半。"阿普顿一面擦着额头上的汗，一面递过草稿。

爱迪生接过草稿低头一看：嗬，可真了不得，几大张草稿上密密麻麻地写满了数字、符号和一道道算式。他忍不住笑了，拍拍阿普顿的肩膀，说："你能不能想个简单的方法来计算呢？"

阿普顿红着脸说："嗯，让我再试试吧。"他把原来的几张草稿推到一边，整理了一下思路，又埋头思考起来。他绞尽脑汁地想呀想呀，可满脑子的公式怎么也赶不跑。是呀，离开这些公式，可怎么计算出灯泡的容积呢？一向自负的阿普顿这回可真是一筹莫展了。

又过了一会儿，爱迪生默默地走过来，他笑眯眯地打量了阿普顿一眼，自己拿起那只梨子形玻璃灯泡，略一思索，便端过盛水的杯子，往灯泡里注满水，说："你看，把这灯泡里的水倒进量杯里，再量出水的体积，不就是这个灯泡的容积了吗？"

阿普顿恍然大悟。哎呀，这么简单的办法自己怎么就没

想到呢？爱迪生用了不到一分钟就解决了的问题，自己却花了一两个小时还没有解答出来，他感到非常羞愧。

周　长

　　环绕有限面积的区域边缘的长度积分，叫做周长，图形一周的长度，就是图形的周长。周长的长度因此亦相等于图形所有边长的和。

　　如果以同一面积的三角形而言，以等边三角形的周长最短；如果以同一面积的四边形而言，以正方形的周长最短；如果以同一面积的五边形而言，以正五边形的周长最短；如果以同一面积的任意多边形而言，以正圆形的周长最短。

西方数学的倡导者泰勒斯

　　泰勒斯（前624—前547）是古希腊第一个享誉世界的学者，素有"科学之父"的美称。

　　泰勒斯出生在小亚细亚的米利都城的一个奴隶主贵族家庭，但是泰勒斯对自己家庭政治地位的显贵与富裕的生活并不留恋，唯独对科学的问题充满了好奇与兴趣，因此一生都将全部精力投入到了哲学、数学与天文学等科学问题的研究之中。

　　年轻时泰勒斯曾经去埃及留学多年，在那里学到了许多几何学、天文学等方面的知识。他曾经利用在埃及学到的天文观测、几何测量的知识测量了金字塔的高度。他也到过两河流域的巴比伦，饱学了世界文明的先进文化。泰勒斯把这些数学知识带回希腊，在米利都创立了爱奥尼亚学派，成为古希腊著名的七大学派之首。

在泰勒斯之前，人们在认识大自然时，往往只满足于了解各类事物的具体特性的知识。而泰勒斯不满足于直观的感性的认识，更崇尚理性的抽象思维，要从多个个别事物的特点抽象出一般的知识。例如他在研究"等腰三角形的两底角相等"这个性质时，不是看一个特定的等腰三角形是否具有这个特性，而要看这是不是"所有的"等腰三角形都具有的性质。

在数学方面，泰勒斯还证明了不少平面几何方面的定理，例如"所有直径都平分圆周；三角形有两条边相等，则其所对的角也相等"，其实这些知识都是古埃及、古巴比伦人很早在实践中都已经知道的事实，但是他们并没有从理论上加以概括，并科学地去证明它。是泰勒斯把这些知识总结为一般性的命题，并严格地证明了它们，还在实践中广泛应用这些知识。他认为只有通过推理与证明的这样严格的方式才能保证获得的数学命题的正确性，才能使数学的理论具有的严密性和更广泛的可应用性。

泰勒斯在数学方面划时代的贡献是引入了命题证明的思想，它标志着人们对客观事物的认识从经验上升到理论，这在数学史上是具有开创性的。在数学中引入逻辑证明，它的意义在于，保证了命题的正确性；揭示各定理之间的内在联系，使数学知识体系的形成有比较规范的、严格的证明方式，以便保证数学知识的正确性。在人类文化发展的初期，泰勒斯就提出演绎证明的思想是难能可贵的。泰勒斯的伟大之处在于他开创了演绎推理的先河，他能从一个理性思维的角度考虑问题，研究保证知识正确性的一般的证明方法，最早提倡数学知识的产生与应用需要严格的推理与证明的过程，这在数学发展史上是一次重大的思想飞跃。正因为如此，泰勒斯被称为理性数学之父。

泰勒斯积极倡导理性思维，使古埃及的数学研究逐步走上了崇尚演绎推理的道路，也为他之后的数学家研究奠定了很好的基础，开创了用科学研究与论证的方法来获得客观世界知识的道路。

▌▌▌智解金冠之谜

阿基米德发现浮力定律的故事广为流传，人们一直认为他是在洗澡时突然发现浮力定律，并裸奔上街大呼"我发现了！"其实这个故事并非发现了浮力定律，而是找到了检验王冠的方法。

相传阿基米德在叙拉古当赫农王的顾问期间，赫农王让工匠替他做了一顶纯金的王冠，做好后，国王疑心工匠在金冠中掺了假，但这顶金冠确与当初交给金匠的纯金一样重，到底工匠有没有捣鬼呢？既想检验真假，又不能破坏王冠，这个问题不仅难倒了国王，也使诸大臣们面面相觑。

后来，国王请阿基米德来检验。最初，阿基米德也是冥思苦想而不得要领。一天，他去澡堂洗澡，当他坐进澡盆里时，看到水往外溢，同时感到身体被轻轻托起。他突然悟到可以用测定固体在水中排水量的办法，来确定金冠的密度。他兴奋地跳出澡盆，连衣服都顾不得穿就跑了出去，大声喊着"尤里卡！尤里卡！"（意思是"我知道了"。）

他经过了进一步的实验以后来到王宫，他把王冠和同等重量的纯金放在盛满水的两个盆里，比较两盆溢出来的水，发现放王冠的盆里溢出来的水比另一盆多。这就说明王冠的体积比相同重量的纯金的体积大，所以证明了王冠里掺进了其他金属。

这次试验的意义远远大过查出金匠欺骗国王，阿基米德通过大量复杂艰苦的研究后发现了浮力定律：物体在液体中所获得的浮力，等于它所排开液体的重量。一直到现代，人们还在利用这个原理计算物体密度和测定船舶载重量等。

此外，阿基米德在力学方面也成绩突出，他系统并严格地证明了杠杆定律，为静力学奠定了基础。在总结前人经验的基础上，阿基米德系统地研究了物体的重心和杠杆原理，提出了精确地确定物体重心的方法，指出在物体的中心处支起来，就能使物体保持平衡。他在研究机械的过程中，发现了杠杆定律，并利用这一原理设计制造了许多机械。

在数学方面，阿基米德确定了抛物线弓形、螺线、圆形的面积以及椭球体、抛物面体等各种复杂几何体的表面积和体积的计算方法。在推演这些公式的过程中，他创立了"穷竭法"，即我们今天所说的逐步近似求极限的方法，因而被公认为微积分计算的鼻祖。他用圆内接多边形与外切多边形边数增多、面积逐渐接近的方法，比较精确地求出了圆周率。面对古希腊繁冗的数字表示方式，阿基米德还首创了记大数的方法，突破了当时用希腊字母计数不能超过一万的局限，并用它解决了许多数学难题。

　　阿基米德的著作很多，作为数学家，他写出了《论球和圆柱》、《圆的度量》、《抛物线求积》、《论螺线》、《论锥体和球体》、《沙的计算》等数学着作。作为力学家，他著有《论图形的平衡》、《论浮体》、《论杠杆》、《原理》等力学著作。

知识点

球

　　以半圆的直径所在直线为旋转轴，半圆面旋转一周形成的旋转体叫做球体，简称球。在空间中到定点的距离等于定长的点的集合叫做球面，即球的表面。定点叫球的球心，定长叫球的半径。

　　球和圆类似，也有一个中心叫做球心。

延伸阅读

数学家毕达哥拉斯

　　在古希腊早期的数学家中，毕达哥拉斯的影响是最大的。他那传奇般的一生给后代留下了众多神奇的传说。

　　毕达哥拉斯出生在爱琴海中的萨摩斯岛（今希腊东部小岛），自幼聪明好学，曾在名师门下学习几何学、自然科学和哲学。以后因为向往东方的智慧，经过万水千山来到巴比伦、印度和埃及，吸收了阿拉伯文明和印度文明甚至中

国文明的丰富营养，大约在公元前530年又返回萨摩斯岛。后来又迁居意大利南部的克罗通，创建了自己的学派，一边从事教育，一边从事数学研究。

毕达哥拉斯和他的学派在数学上有很多创造，尤其对整数的变化规律感兴趣。例如，把全部因数之和等于本身的数称为完全数（如6，28，496等），而将本身大于其因数之和的数称为盈数；将小于其因数之和的数称为亏数。他们还发现了"直角三角形两直角边平方和等于斜边平方"，西方人称之为毕达哥拉斯定理，我国称为勾股定理。

在几何学方面，毕达哥拉斯学派证明了"三角形内角之和等于两个直角"的论断；研究了黄金分割；发现了正五角形和相似多边形的作法；还证明了正多面体只有5种——正四面体、正六面体、正八面体、正十二面体和正二十面体。

毕达哥拉斯的一个学生希帕索斯通过勾股定理发现了无理数，虽然这一发现打破了毕达哥拉斯宇宙万物皆为整数与整数之比的信条，并导致希帕索斯悲惨地死去，但定理对数学的发展起到了巨大的促进作用。此外，毕达哥拉斯在音乐、天文、哲学方面也作出了一定贡献，首创地圆说，认为日、月、星都是球体，悬浮在太空之中。

妙解牛顿问题

因由牛顿提出而得名，也有人称这一类问题叫做牛吃草问题。牛顿曾编过这样一道数学题：牧场上有一片青草，每天都生长得一样快。这片青草供给10头牛吃，可以吃22天，或者供给16头牛吃，可以吃10天，如果供给25头牛吃，可以吃几天？

牛每天吃草，草每天在不断均匀生长。解题环节主要有四步：

1. 求出每天长草量；

2. 求出牧场原有草量；

3. 求出每天实际消耗原有草量（牛吃的草量－生长的草量＝消耗原有草量）；

4. 最后求出可吃天数。

分析：这片草地天天以匀速生长是分析问题的难点。把10头牛22天吃的总量与 16 头牛 10 天吃的总量相比较，得到的 $10 \times 22 - 16 \times 10 = 60$，是 60 头牛一天吃的草，平均分到（$22 - 10$）天里，便知是 5 头牛一天吃的草，也就是每天新长出的草。求出了这个条件，把所有头牛分成两部分来研究，用其中几头吃掉新长出的草，用其余头数吃掉原有的草，即可求出全部头牛吃的天数。

设一头牛 1 天吃的草为一份。

那么 10 头牛 22 天吃草为 $1 \times 10 \times 22 = 220$ 份，16 头牛 10 天吃草为 $1 \times 16 \times 10 = 160$ 份

（$220 - 160$）$\div$（$22 - 10$）$= 5$ 份，说明牧场上一天长出新草 5 份。

$220 - 5 \times 22 = 110$ 份，说明原有老草 110 份。

综合式：$110 \div (25 - 5) = 5.5$ 天，算出一共多少天。

牛顿在其著作《普遍的算术》（1707 年出版）中提出如下问题："12 头公牛在 4 个星期内吃掉了三又三分之一由格尔的牧草；21 头公牛在 9 星期吃掉 10 由格尔的牧草，问多少头公牛在 18 个星期内吃掉 24 由格尔的牧草？"（由格尔是古罗马的面积单位，1 由格尔约等于 2500 平方米）。这个著名的公牛问题叫做"牛顿问题"。

牛顿的解法是这样的：在牧草不生产的条件下，如果 12 头公牛在 4 星期内吃掉三又三分之一由格尔的牧草，则按比例 36 头公牛 4 星期内，或 16 头公牛 9 个星期内，或 8 头公牛 18 星期内吃掉 10 由格尔的牧草，由于牧草在生长，所以 21 头公牛 9 星期只吃掉 10 由格尔牧草，即在随后的 5 周内，在 10 由格尔的草地上新长的牧草足够 $21 - 16 = 5$ 头公牛吃 9 星期，或足够 5/2 头公牛吃 18 个星期，由此推得，14 个星期（即 18 个星期减去初的 4 个星期）内新长的牧草可供 7 头公牛吃 18 个星期，因为 5 : 14 = 5/2 : 7。

前已算出，如牧草不长，则 10 由格尔草地牧草可供 8 头公牛吃 18 个星期，现考虑牧草生长，故应加上 7 头，即 10 由格尔草地的牧草实际可供 15 头公牛吃 18 个星期，由此按比例可算出。24 由格尔草地的牧草实际可供 36 头公牛吃 18 星期。

牛顿还给出代数解法：他设 1 由格尔草地一个星期内新长的牧草相当于面积为 y 由格尔，由于每头公牛每个星期所吃牧草所占的面积看成是相等的。

根据题意，设所求的公牛头数为 x，则（$10/3 + 10/3 * 4y$）/（$12 * 4$）=（$10 + 10 * 9y$）/（$21 * 9$）=（$24 + 24 * 18y$）/$18x$

解得 $x=36$ 即 36 头公牛在 18 个星期内吃掉 24 由格尔的牧草。

还有一种方法就是使用方程组的解法。例如有一块牧场，可供 9 头牛吃 3 天，或者 5 头牛吃 6 天，请问多少牛能够 2 天吃完？

我们列方程组：设牧场原有草量为 y，每天新增加的牧草可供 x 头牛食用，N 头牛能够 2 天将草吃完，根据题目条件，我们列出方程组：

$$\begin{cases} y=(9-x)\times 3 \\ y=(5-x)\times 6 \\ y=(N-x)\times 2 \end{cases}$$

解方程组得 $x=1$，$y=24$，$N=13$。

其实这种牛吃草问题的核心公式是：原有草量＝（牛数－单位时间长草量可供应的牛的数量）×天数

解法二：牛吃草问题的关键点在于这个问题隐藏了一个基本的平衡在其中，那就是：假若每头牛每天的吃草速率和吃草量都不相同，那么此题无解，为什么？因为很可能一头牛心情好一天就能吃完这些草，也可能 10 头牛食欲不佳一个月吃都不完这些草，因此每头牛每天的吃草速率和数量必须都是相同的是这个问题成立并且能够得到答案的充要条件。

得到这个结论后，我们就要开始确定一个平衡的方程式出来，如何确定？

不难想到，可以是吃草量和草本身量之间的平衡，也就是吃草量＝草总量。于是我们就可以假设一头牛一天的吃草量为 M，并假设第三种情况牛吃草的天数为 N；接下来开始寻找平衡方程，我们可以看到，在问题提供的条件中，第一种情况的草地总量为 $10\times M\times 22$，第二种情况的草地总量为 $16\times M\times 10$，第三种情况的草地总量为 $25\times M\times N$。

然后我们开始寻找方程的平衡：既然我们现在已经找到三种情况里草地的总量，那么不难想到方程的另一边就要靠草的量来进行平衡，于是，我们假设原有草量为 Y，草每天的生长量为 X，得到如下方程组：

$$\begin{cases} 10 \times M \times 22 = 22X + Y \\ 16 \times M \times 10 = 10X + Y \\ 25 \times M \times N = NX + Y \end{cases}$$

解此方程组，可得 $X=5$，$Y=110$，$N=5.5$，因此 25 头牛用 5.5 天的时间就能吃完这些草。

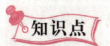 **知识点**

代　数

代数是研究数字和文字的代数运算理论和方法，更确切地说，是研究实数和复数，以及以它们为系数的多项式的代数运算理论和方法的数学分支学科。

初等代数是更古老的算术的推广和发展。初等代数的内容大体上相当于现代中学设置的代数课程的内容，但又不完全相同。比如，严格地说，数的概念、排列和组合应归入算术的内容；函数是分析数学的内容；不等式的解法有点像解方程的方法，但不等式作为一种估算数值的方法，本质上是属于分析数学的范围；坐标法是研究解析几何的……这些都只是历史上形成的一种编排方法。

初等代数是算术的继续和推广，初等代数研究的对象是代数式的运算和方程的求解。代数运算的特点是只进行有限次的运算。

 **延伸阅读**

"数学王子"高斯

高斯是德国数学家，也是科学家，他和牛顿、阿基米德，被誉为有史以来的三大数学家。高斯是近代数学奠基者之一，在历史上影响之大，可以和阿基米德、牛顿、欧拉并列，有"数学王子"之称。

他幼年时就表现出超人的数学天才。1795 年进入哥廷根大学学习。第二年他就发现正十七边形的尺规作图法。并给出可用尺规作出的正多边形的条件，解决了欧几里得以来悬而未决的问题。

高斯的数学研究几乎遍及所有领域，在数论、代数学、非欧几何、复变函数和微分几何等方面都作出了开创性的贡献。他还把数学应用于天文学、大地测量学和磁学的研究，发明了最小二乘法原理。高斯的数论研究总结在《算术研究》（1801）中，这本书奠定了近代数论的基础，它不仅是数论方面的划时代之作，也是数学史上不可多得的经典著作之一。高斯对代数学的重要贡献是证明了代数基本定理，他的存在性证明开创了数学研究的新途径。高斯在 1816 年左右就得到非欧几何的原理。他还深入研究复变函数，建立了一些基本概念，发现了著名的柯西积分定理。他还发现椭圆函数的双周期性，但这些工作在他生前都没发表出来。1828 年高斯出版了《关于曲面的一般研究》，全面系统地阐述了空间曲面的微分几何学，并提出内蕴曲面理论。高斯的曲面理论后来由黎曼发展。

高斯一生共发表 155 篇论文，他对待学问十分严谨，只是把自己认为是十分成熟的作品发表出来。其著作还有《地磁概念》和《论与距离平方成反比的引力和斥力的普遍定律》等。

1801 年元旦，有一个后来被命名为谷神星的天体被发现。当时它在向太阳靠近，天文学家虽然有 40 天的时间可以观察它，但还不能计算出它的轨道。高斯只作了 3 次观测就提出了一种计算轨道参数的方法，而且达到的精确度使得天文学家在 1801 年末和 1802 年初能够毫无困难地再确定谷神星的位置。高斯在这一计算方法中用到了他大约在 1794 年创造的最小二乘法（一种可从特定计算得到最小的方差和中求出最佳估值的方法）。其在天文学中这一成就立即得到公认。他在《天体运动理论》中叙述的方法今天仍在使用。

由于高斯在数学、天文学、大地测量学和物理学中的杰出研究成果，他被选为许多科学院和学术团体的成员。"数学之王"的称号是对他一生恰如其分的赞颂。

钟针的对调

著名的物理学家爱因斯坦在一次生病的时候，他的朋友们去看他。其中有个叫莫希柯夫斯基的朋友，给爱因斯坦出了一个数学问题作为消遣。

莫希柯夫斯基说："钟针的位置在 12 点钟时，把长针（时针）与短针（分针）对调一下，他们所指的还是合理的。但在别的时候，例如在 6 点钟，两针对调后就成了笑话，这种位置是不可能的：当时针指 12 点时，分针决不会指 6 点。因此，引出了一个数学问题：钟针在什么位置的时候两针可以对调，使对调后的新位置仍能是实际上的时间？"

"是的，"爱因斯坦回答，"这对病在床上的人的确是个很好的问题：够有趣味而又不太容易。只是恐怕消磨不了多少时间：我已经快要解出来了。"

爱因斯坦在床上侧起身子，从枕头旁边拿了一张纸用铅笔画了草图，表示问题中的条件。然后，他得到一个不定方程组，求出它的整数解。

他解决这个问题的时间并不比他的朋友莫希柯夫斯基叙述这个问题用的时间长。

物理学家爱因斯坦是怎样解这个时针对调问题的呢？

分析： 由钟面上标 12 的点算起，全周分为 60 度划。因为分针每小时绕中心转一圈，而时针在同一时间内只绕中心转 1/12 圈。所以，钟面上的每一度划（即全周的 1/60）分针走起来要一分钟而时针就要 1/12 分钟了。由此可得如下解法。

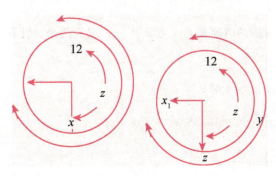

解：设某一时刻为 x 点 y 分（如图），则分针在离 12 点有 y 度划，时针在 z 度划的地方。这时，（x 小时 y 分）分针共走了（$60x+y$）度划，则时针走了 $60x+y$ 的 $1/12$。

即 $z=\dfrac{60x+y}{12}$　　　　　　　　　　　　　　　　　　　　　　　　(1)

又设两针对调位置后，两针所指的时间为 x_1 点 z 分，则时针离 12 点为 y 度划。这时应有

$$y=\frac{60x_1+z}{12}\qquad\qquad\qquad\qquad\qquad\qquad(2)$$

由（1）（2）组成方程组得

$$\begin{cases} y=\dfrac{60\ (x+12x_1)}{143} \\[2mm] z=\dfrac{60\ (x_1+12x)}{143} \end{cases}$$

由于上方程组的 x、x_1 表示的是钟点，$\therefore x=0$，1，2，3，4，5，…，11；$x_1=0$，1，2，3，4，5，…，11。

x 的每一个数值与 x_1 的各个数值配成一组，将这一组代入上述方程组就相应地得到一组 y、z 的值，从而得到时间对调前后的时间。又因为当 $x=x_1=0$ 时与 $x=x_1=11$ 得到同一组 y、z 的值，即都是 12 点。由此可见，此问题共有 $12\times12-1=143$ 个解。

下面我们来看两个具体的例子。

（1）当 $x=1$ 且 $x_1=1$ 时，

$$y=\frac{60\times13}{143}=5\frac{5}{11}，\quad z=5\frac{5}{11}。$$

即对调钟针前后的时间都是 1 点 $5\frac{5}{11}$ 分。或说两个钟针在 1 点 $5\frac{5}{11}$ 重合时可以对调。

（2）当 $x=5$，$x_1=8$ 时，

$$y=\frac{60\ (5+12\times8)}{143}=42.38$$

$$z=\frac{60\ (8+12\times5)}{143}=28.53$$

相应的时间是：5点42.38分及8点28.53分。

知识点

数 值

一个量用数目表示出来的多少，叫做这个量的数值。例如"3克"的"3"，"4秒"的"4"。

亲和数是一种古老的数，在现代的社会计算中很少用到它，但是在数与数的组成上是经常用到的。遥远的古代，人们发现某些自然数之间有特殊的关系：如果两个数 a 和 b，a 的所有真因数之和等于 b，b 的所有真因数之和等于 a，则称 a，b 是一对亲和数。

 延伸阅读

数学家莱布尼茨

莱布尼茨（1646—1716）是18世纪之交德国最重要的数学家、物理学家和哲学家，一个举世罕见的科学天才。他博览群书，涉猎百科，对丰富人类的科学知识宝库作出了不可磨灭的贡献。

莱布尼茨出生于德国东部莱比锡的一个书香之家，父亲是莱比锡大学的道德哲学教授，可惜莱布尼茨的父亲在他年仅6岁时便去世了，给他留下了丰富的藏书。莱布尼茨因此得以广泛接触古希腊罗马文化，阅读了许多著名学者的著作，由此而获得了坚实的文化功底和明确的学术目标。15岁时，他进了莱比锡大学学习法律，一进校便跟上了大学二年级标准的人文学科的课程，还广泛阅读了培根、开普勒、伽利略等人的著作，并对他们的著述进行深入的思考和评价。在听了教授讲授欧几里得的《几何原本》的课程后，莱布尼茨对数学产生了浓厚的兴趣。17岁时他在耶拿大学学习了短时期的数学，并获得了哲学硕士学位。

20 岁时，莱布尼茨转入阿尔特道夫大学。这一年，他发表了第一篇数学论文《论组合的艺术》。这是一篇关于数理逻辑的文章，其基本思想是出于想把理论的真理性论证归结于一种计算的结果。这篇论文虽不够成熟，但却闪耀着创新的智慧和数学才华。

莱布尼茨在阿尔特道夫大学获得博士学位后便投身外交界。从 1671 年开始，他利用外交活动开拓了与外界的广泛联系，尤以通信作为他获取外界信息、与人进行思想交流的一种主要方式。在出访巴黎时，莱布尼茨深受帕斯卡事迹的鼓舞，决心钻研高等数学，并研究了笛卡儿、费马、帕斯卡等人的著作。1673 年，莱布尼茨被推荐为英国皇家学会会员。此时，他的兴趣已明显地朝向了数学和自然科学，开始了对无穷小算法的研究，独立地创立了微积分的基本概念与算法，和牛顿共同奠定了微积分学。1676 年，他到汉诺威公爵府担任法律顾问兼图书馆馆长。1700 年被选为巴黎科学院院士，促成建立了柏林科学院并任首任院长。

1716 年 11 月 14 日，莱布尼茨在汉诺威逝世，终年 70 岁。

▌▌▌托尔斯泰图形解题

著名的物理学教授辛格尔在他的回忆录里说，托尔斯泰很喜欢下面这道算题：

割草队要收割两块草地，其中一块比另一块大一倍。全队在大块草地上收割半天之后，分为两半，一半人继续留在大块草地上，另一半人转移到小块草地上。留下的人到晚上就把大块草地全收割完了，而小块草地还剩下一小块未割。第二天，这剩下的一小块，一个人花了一整天时间才割完。这个割草队共有多少人？

我们用代数法来解。

设割草队全队为 x 人，每人每天的割草面积为 y（y 是辅助变量，为简化而引入，最后我们把它消去）。

因为大块草地上 x 人割了 $\frac{1}{2}$ 天和 $\frac{x}{2}$ 人割了 $\frac{1}{2}$ 天，所以大块草地的面积为 y

$\left(\dfrac{x}{2}+\dfrac{1}{2}\cdot\dfrac{x}{2}\right)$ 或 $\dfrac{3xy}{4}$。因为在小块草地上，$\dfrac{x}{2}$ 人割了 $\dfrac{1}{2}$ 天和一人割了一整天，

所以小块草地的面积等于 $y\left(1+\dfrac{1}{2}\cdot\dfrac{x}{2}\right)$ 或 $\dfrac{xy+4y}{4}$。根据题意，大块草地的面

积为小块草地面积的 2 倍，即

$$\dfrac{3xy}{4}=2\cdot\dfrac{xy+4y}{4}。$$

因为 $y\neq0$，所以

$$3x=2x+8。$$

因此 $x=8$。

也可以不引入辅助变量 y 列方程去解，请读者试一试。

托尔斯泰特别称赞不用代数的方法，借助图形巧妙地解答这道算题。

让我们用右面的图形来表示两块草地。图中左边

的长方形表示大块草地，右边的长方形等于前者的 $\dfrac{1}{2}$，

表示小块草地。

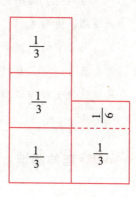

因为大块草地需要由全队人员割半天，再由半队

人员割半天才能完成，这就是说，半队割草人员需要

工作三个 $\dfrac{1}{2}$ 天（半天）才能把大块草地割完，即半队

人员半天能割大块草地的 $\dfrac{1}{3}$。

因为小块草地是大块草地的一半，也就是大块草地的 $\dfrac{1}{3}+\dfrac{1}{6}\left(=\dfrac{1}{2}\right)$。一

半队员下半天在它上面割的草，自然也就等于大块草地的 $\dfrac{1}{3}$，所以这天剩下来

的一块就等于大块草地的 $\dfrac{1}{6}$。按照题目的条件，这块未割的草地正是一个人一

天的工作量。

全队割草人一天内除把整个大块草地割完外，同时还割了小块草地的一部

分，即还割完等于大块草地的 $\dfrac{1}{3}$ 的部分。因此，全队割草人一天共割完的草地

也就等于大块草地面积的

$$1 + \frac{1}{2} = \frac{8}{6}。$$

因为一个人在一天内能割完大块草地的 $\frac{1}{6}$，所以全队割草人共有

$$\frac{8}{6} \div \frac{1}{6} = 8（人）。$$

即矩形。四个角是直角的平行四边形，叫做长方形。长的那条边叫长，短的那条边叫宽。

长方形的性质如下：对角线相等且互相平分；对边平行且相等；四个角都是直角；有2条对称轴；水平的那一边为长，垂直的那一边为宽；长方形是特殊的平行四边形；长方形有无数条高；长方形相邻的两条边互相垂直。

延伸阅读

对数创始人耐皮尔

对数的创始人是英国著名数学家耐皮尔。1550 年，耐皮尔出生在背山面海、景色秀丽的苏格兰爱丁堡。孩提时代的耐皮尔兴趣广泛、勤学好问、聪慧过人。他酷爱阅读自然科学方面的书，对数学的探求精神尤为突出。9 岁时，父亲常给他做航海方面的计算题，培养他的运算能力和灵活运用知识的能力。

1563 年，耐皮尔刚满 13 岁，就以优异的成绩读完中学全部课程，直接进入著名的圣安得鲁斯大学学习。17 岁那年，他以优等毕业生的资格被推荐派往欧洲大陆留学深造。回国后耐皮尔致力于航海学和天文学方面的研究。在多年的工作中，他发现了对航海十分有用的球面——耐皮尔比拟式，发明了做乘除运算的耐皮尔算筹。耐皮尔一生与数字打交道，深深地感到计算是一项十分

艰巨而繁难的工作，迫切需要找到一种能够简化运算的手段。经过数十年不懈努力，已进入晚年的耐皮尔终于在 1614 年创立了对数理论，为人类作出了巨大贡献。

在他之后，英国数学家布里格斯对耐皮尔的对数进行了深入的研究，最终在 1624 年将它转换成实用价值很高的常用对数，并重新制作了常用对数表。利用对数，可以将乘方、开方运算化为乘除运算，将乘除运算化为加减运算，这就大大地减轻了广大科技工作者的负担。伽利略曾经说过："给我空间、时间和对数，我就可以创造出一个宇宙。"对数能够简化运算，但有一个缺点，就是必须经常查阅对数表。如何克服这一不足之处，使运算更为快捷呢？许多科学家又为此付出了艰辛的劳动。英国科学家冈特首先在这方面取得了突破。他在 1620 年利用对数制作出世界上第一把能进行乘除等运算的计算尺。此后，计算尺又经历了许多次改进，人们还研制出一些能用于水文、地质、土木工程等方面的专用计算尺。在精度要求不很高的场合，它几乎取代了人们的手工乘除运算，带来了很大的方便。

妙分正五边形

著名数学家别斯特洛奇还在少年时期就有出类拔萃的才能。有一次，他的老师出了一道有趣的数学难题：在一个正五边形内引一条与一边平行的直线，把这个正五边形的面积等分为二。聪明过人的别斯特洛奇轻而易举地找到了巧妙的作图解法。请有兴趣的读者考虑一下，这个难题应怎样解答呢？

解：别斯特洛奇是这样解答并加以论证的：首先作出正五边形 $ABCDE$，然后取 F 为 AE 边的中点，连结 CF，由对称性可知，$S_{ABCF} \cong S_{EDCF}$，但这条线 FC 不与正五边形的任一边平行。通过 F 作 $FG \parallel AB$，连 CE。设 $FG = a$，$EC = b$，$S_{\triangle CFG} = I_1$，$S_{\triangle CEF} = I_2$，显然有

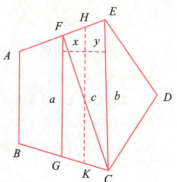

$$I_1 : I_2 = a : b \qquad ①$$

由题意，只要在梯形 $CEFG$ 中，作与 AB 平行的直线 HK，使它所分梯形的面积之比也是 $a : b$ 即可。以下只需说明这条线 HK 的具体作法。设 HK 已作出，令 $HK = c$，a 与 c 的距离为 x，b 与 c 的距离 y，由于 $S_{CEFG} = I_1 + I_2$，所以 $I_1 = S_{HKGF} = \dfrac{1}{2}(a+c)x$，$I_2 = S_{ECKH} = \dfrac{1}{2}(b+c)y$。即

$$2I_1 = (a+c)x, \; 2I_2 = (b+c)y \qquad ②$$

由①，②知 $a : b = (a+c)x : (b+c)y$

即 $(a+c)bx - (b+c)ay = 0 \qquad ③$

又 $x : y = (c-a) : (b-c)$

故 $(b-c)x + (a-c)y = 0 \qquad ④$

考虑③与④联立的方程组，由代数知识知，要使 x，y 有零解，只需对应系数成比例。即

$$(a+c)b : (b-c) = (b+c)a : (c-a) \qquad ⑤$$

在上式中，a，b 为已知，c 为待求的量，为此

将⑤化为 $(b^2 - c^2)a + (a^2 - c^2)b = 0 \qquad ⑥$

从而解得 $c = \sqrt{ab}$。也就是说，在梯形 $EFGC$ 中，作平行于上下底，且长度为上下底长度面积的平方根的线段 HK，此线段即为所求。

系　数

代数式的单项式中的数字因数叫做它的系数。单项式中所有字母的指数的和叫做它的次数。

要注意的是，通常系数不为 0；在一项中，所含有的未知数的指数和称为这一项的次数；在多项式中含有字母的项，该项的整数部分称作是该项的系数，不含字母的项称作常数项。

延伸阅读

数学家希尔伯特

希尔伯特，1862年1月23日生于德国哥尼斯堡，1943年2月14日在哥廷根逝世。希尔伯特1880年入哥尼斯堡大学，1885年获博士学位；1892年任该校副教授，翌年为教授；1895年赴哥廷根大学任教授，直至1930年退休。

19世纪80年代，数学家创立了集合论，并将整个数学建立在集合论的基础之上。但是，当人们试图证明集合论的相容性时，发现集合论中存在着悖论，也就是说集合论是自相矛盾的。于是数学基础陷入了深深的危机之中。

面对这种危机，一些数学家甚至是著名的数学家放弃了自己传统数学的观点，并退出了数学基础研究的战场；还有一些数学家主张对传统数学进行严厉的批判，禁止使用数学中的一些重要概念、重要定理等。

希尔伯特既能绕过这些悖论，又不致于大量地排斥传统数学的内容。他在总结自己数学研究经验的基础上，于1925年提出了一个解决数学基础危机的方案：先将一个数学理论形式化、公理化，将它组织在一个形式公理化的系统之中，以有限立场的推理方法为工具，去证明该数学理论的相容性；一旦这种证明得以完成，就说明该数学理论的基础绝对牢固。这就是现代数学基础研究活动中的"形式主义数学哲学思想"，它是由希尔伯特率先提出来的。

希尔伯特是20世纪最伟大的数学家之一，他的数学贡献是巨大的和多方面的。他典型的研究方式是直攻数学中的重大问题，开拓新的研究领域，并从中寻找带普遍性的方法。1900年，希尔伯特在巴黎举行的国际数学家会议上发表演说，提出了新世纪数学面临的23个问题。对这些问题的研究有力地推动了20世纪数学发展的进程。

DAKAI SHUXUE ZHIHUIGHUANG

利用坐标解难题

这是 19 世纪法国数学家柳卡提出的一个题目。在一次国际会议期间，一天，当来自各国的许多著名数学家出席的晨宴快要结束的时候，柳卡突然向在场的人们提出了这个被他称为最难的算题：

假定某轮船公司较长时间以来，每天中午有一艘轮船从哈佛开往纽约，并且在每天的同一时间也有一艘轮船从纽约开往哈佛。轮船在途中所花费的时间，来去都是 7 昼夜。问今天中午从哈佛开出的轮船，在整个航运途中，将会遇到几艘同一公司的轮船从纽约开来？

聪明的读者，请你也参加到数学家的行列中，去解答这个"最困难的题目"吧！

我们利用平面直角坐标系就可以很容易地解答这个"最困难的算题"。

在坐标平面 TOY 上，OT 轴代表时间，OY 轴代表位置，且以坐标原点代表哈佛，而 OY 轴上任选一点代表纽约（如图）。

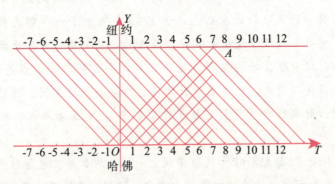

那么从哈佛或纽约开出的轮船，其时间—位置曲线就是图中的两组平行线族。显然，今天中午从哈佛开往纽约的轮船，其时间—位置曲线就是 OA。它与从纽约开往哈佛的轮船时间—位置曲线族相交了 15 次，所以这艘轮船将遇到本公司从纽约开来的 15 艘轮船。从图上可以看出，有 1 艘是在出发时遇到的（从纽约刚到达哈佛的轮船），1 艘是在到达纽约时遇到的（刚好从纽约开出的轮船），剩下的 13 艘轮船则是在海上相遇的。

如果不仔细思考，可能认为仅遇到 7 艘轮船。这个错误，主要是只考虑以后开出的轮船而忽略了已在海上航行的轮船。

知识点

平 行 线

在同一平面内，永不相交的两条直线叫平行线，平行线具有传递性。

平行线有如下性质：两条平行线被第三条直线所截，同位角相等；两条平行线被第三条直线所截，内错角相等；两条平行线被第三条直线所截，同旁内角互补；两条平行线被第三条直线所截，外错角相等。

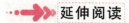 **延伸阅读**

传奇数学家纳什

约翰·纳什——一位有着传奇人生的数学天才，是诺贝尔经济学奖获得者。

约翰·纳什生于 1928 年 6 月 13 日。父亲是电子工程师与教师，第一次世界大战的老兵。纳什小时孤独内向，虽然父母对他照顾有加，但老师认为他不合群，不善社交。

纳什的数学天分大约在 14 岁开始展现。他在美国普林斯顿大学读博士时刚刚 20 出头，但他的一篇关于非合作博弈的博士论文和其他相关文章，确立了他博弈论大师的地位。在 20 世纪 50 年代末，他已是闻名世界的科学家了。

然而，正当他的事业如日中天的时候，30 岁的纳什得了严重的精神分裂症。他的妻子艾利西亚——麻省理工学院物理系毕业生，表现出钢铁一般的意志：她挺过了丈夫被禁闭治疗、孤立无援的日子，走过了唯一儿子同样罹患精神分裂症的震惊与哀伤……漫长的半个世纪之后，她的耐心和毅力终于创下了了不起的奇迹：和她的儿子一样，纳什教授渐渐康复，并在 1994 年获得诺贝尔经济学奖。

　　后来，纳什基本恢复正常，并重新开始科学研究。他仍是普林斯顿大学数学教授，但已经不再任教。学校经济学系经常会举办有关博弈论的论坛，纳什有时候会参加，但是他几乎从不发言，每次都是静静地来，静静地走。

　　影片《美丽心灵》是一部以纳什的生平经历为基础而创作的人物传记片。该片荣获2002年奥斯卡金像奖，几乎包揽了2002年电影类的全球最高奖项。影片主人公原型纳什因此而成为热门的公众人物。

奥数趣题智慧解

人们对奥数并不陌生，奥数竞赛活动主要是为了激发青少年朋友对数学的兴趣。通过竞赛达到使大多数青少年在智力上有所发展，在能力上有所提高的目的。并在普及活动的基础上，为少数优秀的青少年脱颖而出、成为优秀人才创造机遇和条件。本章就让我们走进奥数的天地，花较少的时间和精力，学到更多的奥数知识。

解析行程问题

1. 甲、乙两辆汽车同时从 A、B 两地相向而行，4 小时后相遇。相遇后甲车继续前行 3 小时到达 B 地，乙车继续以每小时 24 千米的速度前进，问 A、B 两地相距多少千米？

2. 甲、乙两匹马从相距 80 米的地方同时出发，出发时甲马在前，乙马在后，已知甲马每秒跑 10 米，乙马每秒跑 12 米，问何时两马相距 70 米？

3. 甲、乙两港相距 360 千米，一艘轮船从甲港到乙港，顺水航行 15 小时到达，从乙港返回甲港，逆水航行

20 小时到达，现在有一艘机帆船，船速是每小时 12 千米，它往返两港需要多少小时？

1. 解析：设相遇点为 C。

乙车速度始终为 24 千米每小时，所以在从 B 到 C 的 4 小时行驶了 $4*24＝96$ 千米

甲车后来行驶 CB 这段路程使用了 3 小时，所以甲车速度为 $96/3＝32$ 千米每小时

所以总路程为 $4*（24+32）＝224$ 千米

2. 解析：两马相距 70 米存在两种情况，要分类讨论——设时间为 t。①甲马在乙马前 70 米，原本两马相距 80 米，所以乙马要比甲马多行 $80－70＝10$ 米，即 $12t＝10t+10$，解得 $t＝5$。②乙马在甲马前 70 米，原本两马相距 80 米，所以乙马要比甲马多行 $80+70＝150$ 米，即 $12t＝10t+150$，解得 $t＝75$。

3. 解析：设水速为 X，轮船从甲到乙的速度（顺水航行，速度是船速＋水速）为 $360/15＝24$

轮船从乙到甲的速度（逆水航行，速度是船速－水速）为 $360/20＝18$

所以 $24－x＝18+x$ 解得 $x＝3$

机帆船从甲到乙时间为 $360/（12+3）＝24$ 小时

从乙到甲时间为 $360/（12－3）＝40$ 小时

往返两港时间为 $24+40＝64$ 小时

 **知识点**

解 析 法

用解析式表示函数的方法叫解析法。

我们将平面几何问题转化解析几何问题的化归方法，具体步骤为：1. 建立坐标系；2. 设定点的坐标与曲线方程，化几何元素为解析式；3. 进行运算与推理，即在上述两步的基础上利用解析几何的知识进行具体的解答；4. 返回几何结论，断言论题的解。

我国古代数学家贾宪

贾宪是我国 11 世纪上半叶（北宋）的杰出数学家。曾撰《黄帝九章算法细草》（九卷）和《算法古集》（二卷），都已失传。据《宋史》记载，贾宪师从数学家楚衍学天文、历算，著有《黄帝九章算法细草》、《释锁算书》等书。贾宪著作已佚，但他对数学的重要贡献，被南宋数学家杨辉引用，得以保存下来。

贾宪的主要贡献是创造了贾宪三角和增乘开方法。增乘开方法即求高次幂的正根法。目前中学数学中的综合除法，其原理和程序都与它相仿。增乘开方法比传统的方法整齐简捷，又更程序化，所以在开高次方时，尤其显出它的优越性。增乘开方法的计算程序大致和欧洲数学家霍纳（1819）的方法相同，但比他早 770 年。

在中国数学史上贾宪最早发现贾宪三角形。杨辉在所著《详解九章算法》、《开方作法本元》一章中有贾宪开方作法图，并说明"出释锁算书，贾宪用此术"。贾宪开方作法图就是贾宪三角形。杨辉还详细解说贾宪还发明的释锁开平方法，释锁开立方法，增乘开平方法，增乘开立方法。

贾宪的老师楚衍是北宋前期著名的天文学家和数学家，"于《九章》、《缉古》、《缀术》、《海岛》诸算经尤得其妙"。当时王洙有记载："世司天算，楚，为首。既老昏，有，子贾宪、朱吉著名。宪今为左班殿直，吉隶太史。宪运算亦妙，有书传于世。"根据记载贾宪著有《黄帝九章算经细草》九卷、《算法古集》二卷及《释锁》，可惜均已失传。杨辉著《详解九章算法》（1261）中曾引用贾宪的"开方作法本源"图（即指数为正整数的二项式展开系数表，现称"杨辉三角形"）和"增乘开方法"（求高次幂的正根法）。

此外，"立成释锁开方法"的给出，"勾股生变十三图"的完善，以及"增乘方求廉法"的创立，都表明贾宪对算法抽象化、程序化、机械化作出了重要贡献。

数论植树的多解法

例1 长方形场地：一个长84米，宽54米的长方形苹果园中，苹果树的株距是2米，行距是3米。这个苹果园共种苹果树多少棵？

解法一：

①一行能种多少棵？84÷2＝42（棵）。

②这块地能种苹果树多少行？54÷3＝18（行）。

③这块地共种苹果树多少棵？42×18＝756（棵）。

如果株距、行距的方向互换，结果相同：

(84÷3)×(54÷2)＝28×27＝756（棵）。

解法二：

①这块地的面积是多少平方米？

84×54＝4536（平方米）。

②一棵苹果树占地多少平方米？

2×3＝6（平方米）。

③这块地能种苹果树多少棵？

4536÷6＝756（棵）。

当长方形土地的长、宽分别能被株距、行距整除时，可用上述两种方法中的任意一种来解；当长方形土地的长、宽不能被株距、行距整除时，就只能用第二种解法来解。

但有些问题从表面上看，并没有出现"植树"二字，但题目实质上是反映封闭线段或不封闭线段长度、分隔点、每段长度三者之间的关系。锯木头问题就是典型的不封闭线段上，两头不植树问题。所锯的段数总比锯的次数多一。上楼梯问题，就是把每上一层楼梯所需的时间看成一个时间间隔，那么：上楼所需总时间 ＝（终点层—起始层）×每层所需时间。而方阵队列问题，看似与植树问题毫不相干，实质上都是植树问题。

例2 直线场地：在一条马路的两旁植树，每隔 3 米植一棵，植到头还剩 3 棵；每隔 2.5 米植一棵，植到头还缺少 37 棵，求这条马路的长度。

解：设一共有 A 棵树。

$$[（A-3）/2-1]×3=[（A+37）/2-1]×2.5$$

$$A=205$$

马路长：$[（205-3）/2-1]×3=300$

答：马路长度为 300 米。

例3 圆形场地（难题）：有一个圆形花坛，绕它走一圈是 120 米。如果在花坛周围每隔 6 米栽一株丁香花，再在每相邻的两株丁香花之间等距离地栽两株月季花。可栽丁香花多少株？可栽月季花多少株？每两株紧相邻的月季花相距多少米？

解：根据棵数＝全长÷间隔可求出栽丁香花的株数：

$$120÷6=20（株）$$

由于是在每相邻的两株丁香花之间栽两株月季花，丁香花的株数与丁香花之间的间距相等，因此，可栽月季花：

$$2×20=40（株）$$

由于两株丁香花之间的两株月季花是紧相邻的，而两株丁香花之间的距离被两株月季花分为 3 等份，因此紧相邻两株月季花之间距离为：

$$6÷3=2（米）$$

答：可栽丁香花 20 株，可栽月季花 40 株，两株紧相邻月季花之间相距 2 米。

例4 在圆形水池边植树，把树植在距离岸边均为 3 米的圆周上，按弧长计算，每隔 2 米植一棵树，共植了 314 棵。水池的周长是多少米？

解：先求出植树线路的长。植树线路是一个圆的周长，这个圆的周长是：

$$2×314=628（米）$$

这个圆的直径是：

$$628÷3.14＝200（米）$$

由于树是植在距离岸边均为3米的圆周上，所以圆形水池的直径是：

$$200－3×2＝194（米）$$

圆形水池的周长是：

$$194×3.14＝609.16（米）$$

综合算式：

$$（2×314÷3.14－3×2）×3.14$$
$$＝（200－6）×3.14$$
$$＝194×3.14$$
$$＝609.16（米）$$

数　论

　　数论就是指研究整数性质的一门理论。整数的基本元素是素数，所以数论的本质是对素数性质的研究。2000年前，欧几里得证明了有无穷个素数。寻找一个表示所有素数的素数通项公式，或者叫素数普遍公式，是古典数论最主要的问题之一。它是和平面几何学同样历史悠久的学科。高斯誉之为"数学中的皇冠"，按照研究方法的难易程度来看，数论大致上可以分为初等数论（古典数论）和高等数论（近代数论）。

　　初等数论主要包括整除理论、同余理论、连分数理论。它的研究方法本质上说，就是利用整数环的整除性质。初等数论也可以理解为用初等数学方法研究的数论。其中最高的成就包括高斯的"二次互反律"等。

　　高等数论则包括了更为深刻的数学研究工具。它大致包括代数数论、解析数论、算术代数几何等等。

延伸阅读

<h2 style="text-align:center">我国古代数学家秦九韶</h2>

秦九韶（1208—1261）南宋官员、数学家，与李冶、杨辉、朱世杰并称宋元数学四大家。字道古，汉族，鲁郡（今山东曲阜）人，生于普州安岳（今属四川）。精研星象、音律、算术、诗词、弓剑、营造之学，历任琼州知府、司农丞，后遭贬，卒于梅州任所，著作《数书九章》，其中的大衍求一术、三斜求积术和秦九韶算法是具有世界意义的重要贡献。

秦九韶自幼生活在家乡，18岁时曾"在乡里为义兵首"，后随父亲移居京都。他是一位非常聪明的人，处处留心，好学不倦。其父任职工部郎中和秘书少监期间，正是他努力学习和积累知识的时候。工部郎中掌管营建，而秘书省则掌管图书，其下属机构设有太史局，因此，他有机会阅读大量典籍，并拜访天文历法和建筑等方面的专家，请教天文历法和土木工程问题，甚至可以深入工地，了解施工情况。他又曾向"隐君子"学习数学。他还向著名词人李刘学习骈骊诗词，达到较高水平。通过这一阶段的学习，秦九韶成为一位学识渊博、多才多艺的青年学者，时人说他"性极机巧，星象、音律、算术，以至营造等事，无不精究"，"游戏、毬、马、弓、剑，莫不能知"。

1225年，秦九韶随父亲至潼川，担任过一段时间的县尉。端平三年（1236）元兵攻入四川，嘉陵江流域战乱频仍，秦九韶不得不经常参与军事活动。他后来在《数书九章》序中写道："际时狄患，历岁遥塞，不自意全于矢石间，尝险罹忧，荏苒十祀，心槁气落"，真实地反映了这段动荡的生活。由于元兵进逼和溃卒骚乱，潼川已难以安居，于是他再度出川东下，先后担任过蕲州（今湖北蕲春）通判及和州（今安徽和县）守，最后定居湖州（今浙江吴兴）。

淳祐四年（1244）八月，秦九韶以通直郎为建康府（今江苏南京）通判，十一月因母丧离任，回湖州守孝。在此期间，他专心致志研究数学，于淳祐七年（1247）九月完成数学名著《数书九章》。由于在天文历法方面的丰富知识和成就，他曾受到皇帝召见，阐述自己的见解，并呈有奏稿和"数学大略"（即《数书九章》）。

DAKAI SHUXUE ZHIHUIGHUANG

宝祐二年（1254），秦九韶回到建康，改任沿江制置使参议，不久去职。后来，秦九韶热衷于谋求官职，追逐功名利禄，在科学上没有显著成绩。约在景定二年（1261），秦九韶被贬至梅州做地方官，"在梅治政不辍"，不久便死于任所。

　　秦九韶在数学上的主要成就是系统地总结和发展了高次方程数值解法和一次同余组解法，提出了相当完备的"正负开方术"和"大衍求一术"，达到了当时世界数学的最高水平。

■■■ 解亏盈问题的诀窍

　　把若干物体平均分给一定数量的对象，并不是每次都能正好分完。如果物体还有剩余，就叫盈；如果物体不够分，少了，就叫亏。凡是研究盈和亏这一类算法的应用题就叫盈亏问题。

　　一般解法为：（盈数＋亏数）除以两次分配只能够每份的差＝所分对象数

　　（亏数－亏数）除以两次分配只能够每份的差＝所分对象数

　　（盈数－盈数）除以两次分配只能够每份的差＝所分对象数，物品数可由其中一种分法的份数和盈亏数求出。

　　盈亏问题是奥数中的常见应用题，根据不同的盈亏情况，解法也有所不同。下面我们举几个例子来说明其解法。

"一盈一亏"题

　　例1　阿姨为小朋友们分苹果，如果每人分 3 个剩余 16 个，如果每人分 4 个缺少 6 个。问有多少个小朋友？多少个苹果？

　　分析：由题意可知，小朋友的人数和苹果的个数是不变的，每人分 3 个同每人分 4 个相差 4－3＝1（个），分 3 个剩余 16 个，分 4 个缺少 6 个，一多一少即一盈一亏，相差 16＋6＝22（个）。每人多分 1 个，要相差 22 个，这样就可以知道小朋友是 22 人。人数知道了，苹果的个数也就容易求出。

　　小朋友人数：（16＋6）÷（4－3）＝22（人）

　　苹果个数：3×22＋16＝82（个）

从上题的解答中，我们可以看出一盈一亏题的数量关系式是：

（盈数＋亏数）/两次分得数的差＝所分对象数

"两次盈"题

例2 某校安排新生住宿，若每间住 10 人还剩 14 人，若每间住 12 人还剩 2 人。这个学校有多少间宿舍？新生有多少人？

分析：这是两次剩余（两盈）的问题。每间住 12 人比每间住 10 人多住 $12-10=2$（人），一间多住 2 人，共多住 $14-2=12$（人）则宿舍间数为 $12÷2=6$（间）。宿舍间数知道了，新生人数便可求得。

宿舍间数：$(14-2)÷(12-10)=6$（间）

新生人数：$10×6+14=74$（人）

从上例中可以看出，两次盈题目的数量关系式是：

两次盈数差/两次分得数的差＝所分对象数

"两次亏"题

例3 学校里有铅笔若干支，奖给三好学生。若每人 9 支缺少 15 支，若每人 7 支缺少 7 支。问三好学生有多少人？铅笔有多少支？

分析：这是两次不足（两亏）的问题。每人分 9 支铅笔比每人分 7 支多分 $9-7=2$（支），共多分 $15-7=8$（支），则三好学生的人数为 $8÷2=4$（人）。人数知道了，铅笔支数便可求得。

三好学生人数：$(15-7)÷(9-7)=4$（人）

铅笔支数：$7×4-7=21$（支）

从上题的解析过程中，我们可以看出两次亏题的数量关系式是：

两次亏数差/两次分得数的差＝所分对象数

由解盈亏问题的公式可以看出，求解此类问题的关键是小心确定两次分配数量的差和盈亏的总额，如果两次分配一次是有余，另一次是不足时，则依上面的公式先求得人数（不是物数），再求出物数；如果两次分配都是有余，则公式变成盈额差除以两次分配数之差；如果两次分配都是不足时，则公式变成亏额差除以两次分配数之差。

有时候，必须转化题目中条件，才能从复杂的数量关系中寻找解答；有时候，直接从"包含"入手比较困难，可以间接从其反面"不包含"去想就会比较容易。

 知识点

反证法

反证法，又称归谬法、背理法，是一种论证方式，它首先假设某命题不成立（即在原命题的条件下，结论不成立），然后推理出明显矛盾的结果，从而下结论说原假设不成立，原命题得证。

反证法在数学中经常运用。当论题从正面不容易或不能得到证明时，就需要运用反证法，此即所谓"正难则反"。牛顿曾经说过："反证法是数学家最精当的武器之一。"一般来讲，反证法常用来证明正面证明有困难，情况多或复杂，而逆否命题则比较浅显的题目，问题可能解决得十分干脆。

反证法的证题可以简要地概括为"否定→得出矛盾→否定"。即从否定结论开始，得出矛盾，达到新的否定，可以认为反证法的基本思想就是辩证法的"否定之否定"。

 延伸阅读

我国古代数学家李冶

李冶（1192—1279）亦作李治，是中国古代数学家，字仁卿，号敬斋，真

定府栾城县（今河北省栾城县）人，宋元数学四大家之一。

李冶生于大兴（今北京市大兴县），父亲李通为大兴府推官。李冶自幼聪敏，喜爱读书，曾在元氏县（今河北省元氏县）求学，对数学和文学都很感兴趣。父亲的正直为人及好学精神对李冶深有影响。在李冶看来，学问比财富更可贵。他说："积财千万，不如薄技在身"，又说："金璧虽重宝，费用难贮蓄。学问藏之身，身在即有余"。他在青少年时期，对文学、史学、数学、经学都感兴趣，曾与好友元好问外出求学，拜文学家赵秉文、杨云翼为师，不久便名声大振。

1230年，李冶在洛阳考中词赋科进士，时人称赞他"经为通儒，文为名家"。同年得高陵（今陕西高陵）主簿官职，但蒙古窝阔台军已攻入陕西，所以没有上任。接着又被调往阳翟附近的钧州（今河南禹县）任知事，为官清廉、正直。1232年正月，钧州城被蒙古军队攻破。李冶不愿投降，只好换上平民服装，走上了漫长而艰苦的流亡之路。这是他一生的重要转折点，将近50年的学术生涯便由此开始了。

李冶北渡后流落于山西的忻县、崞县之间，过着"饥寒不能自存"的生活。一年以后（1233），汴京（今河南开封）陷落，元好问也弃官出京，到山西避难。1234年初，金朝终于为蒙古所灭，李冶与元好问都感到政事已无可为，于是潜心学问。李冶经过一段时间的颠沛流离之后，定居于崞山（今山西崞县）的桐川。他在桐川的研究工作是多方面的，包括数学、文学、历史、天文、哲学、医学。其中最有价值的工作是对天元术进行了全面总结，写成数学史上的不朽名著——《测圆海镜》。他的工作条件是十分艰苦的，不仅居室狭小，而且常常不得温饱，要为衣食而奔波。但他却以著书为乐，从不间断自己的写作。据《真定府志》记载，李冶"聚书环堵，人所不堪"，但却"处之裕如也"。他的学生焦养直说他："虽饥寒不能自存，亦不恤也"，在"流离顿挫"中"亦未尝一日废其业"。经过多年的艰苦奋斗，李冶的《测圆海镜》终于在1248年完稿。它是我国现存最早的一部系统讲述天元术的著作。

1251年，李冶回元氏县封龙山定居，并收徒讲学。李冶的学生越来越多，家里逐渐容纳不下了，于是师生共同努力，在北宋李通读书堂故基上建起封龙书院。李冶在书院不仅讲数学，也讲文学和其他知识。他呕心沥血，培养出大批人才，并常在工作之余与元好问、张德辉一起游封龙山，被称为"龙山三老"。1257年，金朝遗老窦默、姚枢、李俊民等多人在开平（今内蒙古正蓝旗）接受忽必烈召见，又派董文用专程去请李冶，说："素闻仁卿学优才赡，潜德不耀，久欲一见，其勿他辞"。同年五月，李冶在开平（今内蒙古正蓝旗）见忽必烈，陈述了自己的政治见解："为治之道，不过立法度、正纪纲而已。纪纲者，上下相维持；法度者，赏罚示惩劝"。在谈到人才问题时，他说："天下未尝乏材，求则得之，舍则失之，理势然耳"。最后，他向忽必烈提出"辨奸邪、去女谒、屏谗慝、减刑罚、止征伐"五条政治建议，得到忽必烈的赞赏。

李冶会见忽必烈之后，回封龙山继续讲学著书，于1259年写成另一部数学著作——《益古演段》。1260年，忽必烈即皇帝位，是为元世祖。第二年七月建翰林国史院于开平，聘请李冶担任清高而显要的工作——翰林学士知制诰同修国史。但李冶却以老病为辞，婉言谢绝了。他说："翰林视草，唯天子命之；史馆秉笔，以宰相监之。特书佐之流，有司之事，非作者所敢自专而非非是是也。今者犹以翰林、史馆为高选，是工诙誉而善缘饰者为高选也。吾恐识者羞之。"

1279年，李冶病逝于元氏。李冶在数学上的主要成就是总结并完善了天元术，使之成为中国独特的半符号代数。这种半符号代数的产生，要比欧洲早300年左右。他的《测圆海镜》是天元术的代表作，而《益古演段》则是一本普及天元术的著作。随着高次方程数值求解技术的发展，列方程的方法也相应产生，这就是所谓"开元术"。在传世的宋元数学著作中，首先系统阐述开元术的是李冶的《测圆海镜》。李冶一生著作虽多，但他最得意的还是《测圆海镜》。他在弥留之际对儿子克修说："吾平生著述，死后可尽燔去。独《测圆海镜》一书，虽九九小数，吾常精思致力焉，后世必有知者。庶可布广垂永乎？"

李冶的数学研究是以天元术为主攻方向的。这时天元术虽已产生，但还不成熟，就像一棵小树一样，需要人精心培植。李冶用自己的辛勤劳动，使它成长为一棵枝叶繁茂的大树。

详解还原问题

已知一个数，经过某些运算之后，得到了一个新数，求原来的数是多少的应用问题。它的解法常常是以新数为基础，按运算顺序倒推回去，解出原数，这种方法叫做逆推法或还原法，这种问题就是还原问题。

还原问题又叫做逆推运算问题。解这类问题利用加减互为逆运算和乘除互为逆运算的道理，根据题意的叙述顺序由后向前逆推计算。在计算过程中采用相反的运算，逐步逆推。

在解题过程中注意两个相反：一是运算次序与原来相反；二是运算方法与原来相反。还原问题的分类：（1）单个变量的还原问题；（2）多个变量的还原问题。

例1 工程队修一段水渠，第一天修了全长的一半，第二天修了剩下的一半，第三天修了第二天剩下的一半，还剩下 20 米准备第四天修完。这条水渠全长多少米？

解： 第一天修了 1/2，第二天修了（1－1/2）×1/2＝1/4，第三天修了（1－1/2－1/4）×1/2＝1/8

所以全长＝20÷（1－1/2－1/4－1/8）＝160（米）

也可以是（20＋20）＊2＊2＝160（米）

例2 有一桶橡皮泥，第一次拿走全部的一半，第二次拿走余下的一半，还剩下 12 千克，求这桶橡皮泥原来重多少千克？

解： 第一次拿走了 1/2，第二次拿走了（1－1/2）×1/2＝1/4

所以总重量＝12÷（1－1/2－1/4）＝48（千克）

也可以是 12＊2＊2＝48（千克）

下面是这一类型的练习题，供参考。

1. 三堆苹果共 48 个，先从第一堆中拿出与第二堆个数相同的苹果并入第二堆，再从第二堆里拿出与第三堆个数相同的苹果并入第三堆，最后再从第三堆里拿出与这时第一堆个数相等的苹果并入第一堆。这时，三堆苹果数完全相同。问：原来三堆苹果各有多少个？

2. 有一个三层书架共放书 240 册，先从上层取出与中层同样多册书放在中层，再从中层取出与下层同样多册书放在下层，最后再从下层取出与此时上层同样多册书放在上层。经过这样的变动后，上、中、下三层书的册数之比是 1：2：3。问：原来上、中、下层各有多少册书？

3. 甲、乙、丙三人各有铜钱若干枚，开始甲把自己的铜钱拿出一部分给了乙、丙，使乙、丙的铜钱数各增加了一倍；后来乙也照此办理，使甲、丙的铜钱数各增加了一倍；最后丙也照此办理，使甲、乙的铜钱数各增加了一倍。这时三人的铜钱数都是 8 枚。问：原来甲、乙、丙三人各有多少枚铜钱？

4. 甲、乙、丙、丁各有若干棋子，甲先拿出自己棋子的一部分给了乙、丙，使乙、丙每人的棋子数各增加一倍；然后乙也把自己棋子的一部分以同样的方式分给了丙、丁，丙也把自己棋子的一部分以这种方式给了甲、丁，最后丁也以这种方式将自己的棋子给了甲、乙，这时四人的棋子都是 16 枚。问：原来甲、乙、丙、丁四人各有棋子多少枚？

5. 甲、乙、丙三人各有铜板若干，甲先拿出自己铜板数的一半平分给乙、丙，然后乙也拿出自己现有铜板数的一半平分给甲、丙，最后丙又把自己现有铜板的一半平分给甲、乙。这时三人的铜板数恰好相同。问：他们三人至少共有多少枚铜板？

6. 有甲、乙两只桶，甲桶盛了半桶水，乙桶盛了不到半桶纯酒精。先将甲桶的水倒进乙桶，倒进的量与乙桶的酒精量相等；再将乙桶的溶液倒进甲桶，倒入的数量与甲桶剩下的水相等；再将甲桶的溶液倒进乙桶，倒进的数量与乙桶剩下的溶液相等；最后再将乙桶的溶液倒进甲桶，倒入的数量与甲桶剩下的溶液相等。此时，恰好两桶溶液的数量相等。求此时甲、乙两桶酒精溶液浓度之比。

7. 甲、乙、丙、丁四位盲人到河边钓鱼，到了中午他们把钓的鱼都放在一个篓子里，就各自躺在岸边的柳树下睡觉了。甲先醒了，就将篓子里的鱼平均分成四份，还剩一条，他带走一份先回家了；乙醒来时以为另三人还在睡觉，也把篓子里的鱼平均分成四份，还是剩一条，他也带走一份回家了；丙醒来后同样将篓子里的鱼平均分成四份，也剩一条，然后带走一份回家了；丁醒后也将篓子里的鱼分成四份，恰好分光，他也带走一份回家了。问：他们四人至少钓了多少条鱼？各带走几条？篓子里还剩几条？

8. 唐僧师徒四人西天取经，一日行至一山村，唐僧叫猪八戒去讨点吃的

充饥，当日正值元宵节，山民施舍汤元若干，八戒尝了一个，美味可口，然后点了一下汤元的数目，刚好可等分成四份，八戒正饿得发慌，先吃掉了自己的一份，吃完后仍感不足，接着又偷偷吃了一个，说也奇怪，剩下的汤元又可等分为四份，八戒大喜，忍不住又吃掉一份，因为汤元的数目十分巧妙，使得八戒仍照前两次的方法，接连吃了第三次、第四次，当八戒回到师父身旁时，汤元数目已不足 100 个了。问：八戒一共讨回多少个汤元？

知识点

变 量

变量，是指没有固定的值，可以改变的数。变量以非数字的符号来表达，一般用拉丁字母。

变量用于开放句子，表示尚未清楚的值（即变数），或一个可代入的值（见函数）。这些变量通常用一个英文字母表示，若用了多于一个英文字母，很易令人混淆成两个变量相乘。m，n，x，y，z 是常见的变量符号，其中 m，n 较常表示整数。

 延伸阅读

我国古代数学家朱世杰

朱世杰，字汉卿，号松庭，寓居燕山（今北京附近），一位平民数学家和数学教育家。中国数学鼎盛时期宋元四大家之一。

朱世杰数学代表作有《算学启蒙》（1299）和《四元玉鉴》（1303）。《算术启蒙》是一部通俗数学名著，曾流传海外，影响了朝鲜、日本数学的发展。《四元玉鉴》则是中国宋元数学高峰的又一个标志，其中最杰出的数学创造有"四元术"（多元高次方程列式与消元解法）、"垛积术"（高阶等差数列求和）与"招差术"（高次内插法）。

元统一中国后，朱世杰曾以数学家的身份周游各地20余年，向他求学的人很多，他到广陵（今扬州）时"踵门而学者云集"。他全面继承了前人数学成果，既吸收了北方的天元术，又吸收了南方的正负开方术、各种日用算法及通俗歌诀，在此基础上进行了创造性的研究，写成以总结和普及当时各种数学知识为宗旨的《算学启蒙》（3卷），又写成四元术的代表作《四元玉鉴》（3卷），先后于1299年和1303年刊印。

《算学启蒙》由浅入深，从一位数乘法开始，一直讲到当时的最新数学成果——天元术，形成一个完整体系。书中明确提出正负数乘法法则，给出倒数的概念和基本性质，概括出若干新的乘法公式和根式运算法则，总结了若干乘除捷算口诀，并把设辅助未知数的方法用于解线性方程组。《四元玉鉴》的主要内容是四元术，即多元高次方程组的建立和求解方法。秦九韶的高次方程数值解法和李冶的天元术都被包含在内。

朱世杰不仅总结了前人的勾股及求积理论，而且在李冶思想的基础上更进一步，深入研究了勾股形内及圆内各几何元素的数量关系，发现了两个重要定理——射影定理和弦幂定理。他在立体几何中也开始注意到图形内各元素的关系。朱世杰的工作，使得几何研究的对象由图形整体深入到图形内部，体现了数学思想的进步。

计数中的容斥原理

在计数时，必须注意无一重复，无一遗漏。为了使重叠部分不被重复计算，人们研究出一种新的计数方法，这种方法的基本思想是：先不考虑重叠的情况，把包含于某内容中的所有对象的数目先计算出来，然后再把计数时重复计算的数目排斥出去，使得计算的结果既无遗漏又无重复，这种计数的方法称为容斥原理。

如果被计数的事物有 A、B 两类，那么，A 类 B 类元素个数总和＝属于 A 类元素个数＋属于 B 类元素个数－既是 A 类又是 B 类的元素个数。（$A \cup B = A + B - A \cap B$）

例 1 一次期末考试，某班有 15 人数学得满分，有 12 人语文得满分，并且有 4 人语、数都是满分，那么这个班至少有一门得满分的同学有多少人？

分析：依题意，被计数的事物有语、数得满分两类，"数学得满分"称为"A 类元素"，"语文得满分"称为"B 类元素"，"语、数都是满分"称为"既是 A 类又是 B 类的元素"，"至少有一门得满分的同学"称为"A 类和 B 类元素个数"的总和。

所以，这道题的答案为

$15 + 12 - 4 = 23$。

如果被计数的事物有 A、B、C 三类，那么，A 类、B 类和 C 类元素个数总和＝A 类元素个数＋B 类元素个数＋C 类元素个数－既是 A 类又是 B 类的元素个数－既是 A 类又是 C 类的元素个数－既是 B 类又是 C 类的元素个数＋既是 A 类又是 B 类而且是 C 类的元素个数。（$A \cup B \cup C = A + B + C - A \cap B - B \cap C - C \cap A + A \cap B \cap C$）

例 2 某校六（1）班有学生 45 人，每人在暑假里都参加体育训练队，其中参加足球队的有 25 人，参加排球队的有 22 人，参加游泳队的有 24 人，足球、排球都参加的有 12 人，足球、游泳都参加的有 9 人，排球、游泳都参加的有 8 人，问：三项都参加的有多少人？

分析：参加足球队的人数 25 人为 A 类元素，参加排球队人数 22 人为 B

类元素，参加游泳队的人数 24 人为 C 类元素，既是 A 类又是 B 类的为足球排球都参加的 12 人，既是 B 类又 C 类的为足球游泳都参加的 9 人，既是 C 类又是 A 类的为排球游泳都参加的 8 人，三项都参加的是 A 类 B 类 C 类的总和设为 X。注意：这个题说的每人都参加了体育训练队，所以这个班的总人数即为 A 类 B 类和 C 类的总和。

所以该题答案为 $25+22+24-12-9-8+X=45$，解得 $X=3$。

例 3　分母是 1001 的最简分数一共有多少个？

分析：这一题实际上就是找分子中不能与 1001 进行约分的数。由于 1001 $=7 \times 11 \times 13$，所以就是找不能被 7，11，13 整除的数。

解答：$1 \sim 1001$ 中，有 7 的倍数 $1001/7 = 143$（个）；有 11 的倍数 $1001/11=91$（个），有 13 的倍数 $1001/13=77$（个）；

有 $7*11=77$ 的倍数 $1001/77=13$（个），有 $7*13=91$ 的倍数 $1001/91=11$（个），有 $11*13=143$ 的倍数 $1001/43=7$（个）。有 1001 的倍数 1 个。

由容斥原理知：在 $1 \sim 1001$ 中，能被 7 或 11 或 13 整除的数有 $（143+91+7）-（13+11+7）+1=281$（个），从而不能被 7、11 或 13 整除的数有 $1001-281=720$（个）。也就是说，分母为 1001 的最简分数有 720 个。

 **知识点**

分 数

把单位"1"平均分成若干份，表示这样的一份或几份的数叫做分数。分母表示把一个物体平均分成几份，分子是表示这样几份的数。把1平均分成分母份，表示这样的分子份。

分数还有一个有趣的性质：一个分数不是有限小数，就是无限循环小数，它是不可以用分数代替的。

最早使用分数的国家是中国。我国古代有许多关于分数的记载。在《左传》一书中记载，春秋时代，诸侯的城池，最大不能超过周国的1/3，中等的不得超过1/5，小的不得超过1/9。

秦始皇时期，拟定了一年的天数为365又1/4天。

《九章算术》是我国1800多年前的一本数学专著，其中第一章《方田》里就讲了分数四则算法。在古代，中国使用分数比其他国家要早出1000多年。

延伸阅读

我国古代数学家杨辉

杨辉，中国南宋时期杰出的数学家和数学教育家。字谦光，汉族，钱塘（今杭州）人，生平履历不详。由现存文献可推知，杨辉担任过南宋地方行政官员，为政清廉，足迹遍及苏杭一带，他署名的数学书共5种21卷。他是世界上第一个排出丰富的纵横图和讨论其构成规律的数学家。与秦九韶、李治、朱世杰并称宋元数学四大家。

杨辉一生留下了大量的著述，主要有：《详解九章算法》12卷（1261），《日用算法》2卷（1262），《乘除通变本末》3卷（1274），《田亩比类乘除捷法》2卷（1275），《续古摘奇算法》2卷（1275），其中后三种为杨辉后期所著，一般称之为《杨辉算法》。他非常重视数学教育的普及和发展，在《算法通变本末》中，杨辉为初学者编制的"习算纲目"是中国数学教育史上的重要文献。

《详解九章算法》现传本已非全帙，编排也有错乱。从其序言可知，该书乃取魏刘徽注、唐李淳风等注。

《日用算法》，原书不传，仅有几个题目留传下来。从《算法杂录》所引杨辉自序可知该书内容梗概："以乘除加减为法，秤斗尺田为问，编诗括十三首，立图草六十六问。用法必载源流，命题须责实有，分上下卷。"该书无疑是一本通俗的实用算书。

《乘除通变本末》3卷，皆各有题，在总结民间对筹算乘除法的改进上作出了重大贡献。上卷叫《算法通变本末》，首先提出"习算纲目"，是数学教育史的重要文献，又论乘除算法；中卷叫《乘除通变算宝》，论以加减代乘除、求一、九归诸术；下卷叫《法算取用本末》，是对中卷的注解。

杨辉对北宋贾宪细草的《九章算术》中的80问进行详解。在《九章算术》9卷的基础上，又增加了3卷，一卷是图，一卷是讲乘除算法的，居九章之前。从残本的体例看，该书对《九章算术》的详解可分为：一、解题。内容为解释名词术语、题目含义、文字校勘以及对题目的评论等方面。二、明法、草。在编排上，杨辉采用大字将贾宪的法、草与自己的详解明确区分出来。三、比类。选取与《九章算术》中题目算法相同或类似的问题作对照分析。四、续释注。在前人基础上，对《九章算术》中的80问进一步作注释。杨辉的"纂类"，突破《九章算术》的分类格局，按照解法的性质，重新分为乘除、分率、合率、互换、衰分、叠积、盈不足、方程、勾股九类。

杨辉在《详解九章算法》一书中还画了一张表示二项式展开后的系数构成的三角图形，称做"开方做法本源"，现在简称为"杨辉三角"。杨辉三角最本质的特征是，它的两条斜边都是由数字1组成的，而其余的数则是等于它肩上的两个数之和。

计数中的抽屉原理

桌上有 10 个苹果，要把这 10 个苹果放到 9 个抽屉里，无论怎样放，我们会发现至少会有一个抽屉里面放两个苹果。这一现象就是我们所说的"抽屉原理"。抽屉原理的一般含义为："如果每个抽屉代表一个集合，每一个苹果就可以代表一个元素，假如有 $n+1$ 或多于 $n+1$ 个元素放到 n 个集合中去，其中必定至少有一个集合里有两个元素。"

抽屉原理有时也被称为鸽巢原理，"如果有 5 个鸽子笼，养鸽人养了 6 只鸽子，那么当鸽子飞回笼中后，至少有一个笼子中装有 2 只鸽子"。它是组合数学中一个重要的原理。

把多于 n 个的物体放到 n 个抽屉里，则至少有一个抽屉里的东西不少于两件。抽屉原理［用反证法证明］：如果每个抽屉至多只能放进一个物体，那么物体的总数至多是 n，而不是题设的 $n+k$（$k \geqslant 1$），这不可能。

把多于 $m*n$ 个的物体放到 n 个抽屉里，则至少有一个抽屉里有不少于 $m+1$ 个物体。［用反证法证明］：若每个抽屉至多放进 m 个物体，那么 n 个抽屉至多放进 $m*n$ 个物体，与题设不符，故不可能。

把无穷多件物体放入 n 个抽屉，则至少有一个抽屉里有无穷个物体。

把（$mn-1$）个物体放入 n 个抽屉中，其中必有一个抽屉中至多有（$m-1$）个物体。［用反证法证明］：若每个抽屉都有不少于 m 个物体，则总共至少有 $m*n$ 个物体，与题设矛盾，故不可能。

抽屉原理的内容简明朴素，易于接受，它在数学问题中有重要的作用。许多有关存在性的证明都可用它来解决。

例 1 400 人中至少有 2 个人的生日相同。

解：将一年中的 366 天视为 366 个抽屉，400 个人看做 400 个物体，由抽屉原理可以得知：至少有 2 人的生日相同。

$400/366 = 1 \cdots\cdots 34$，$1+1=2$

又如：我们从街上随便找来 13 人，就可断定他们中至少有两个人属相相同。"从任意 5 双手套中任取 6 只，其中至少有 2 只恰为一双手套。"

"从数 1，2，…，10 中任取 6 个数，其中至少有 2 个数为奇偶性不同。"

例 2 幼儿园买来了不少白兔、熊猫、长颈鹿塑料玩具，每个小朋友任意选择两件，那么不管怎样挑选，在任意 7 个小朋友中总有两个彼此选的玩具都相同，试说明道理。

解： 从三种玩具中挑选两件，搭配方式只能是下面 6 种：（兔、兔），（兔、熊猫），（兔、长颈鹿），（熊猫、熊猫），（熊猫、长颈鹿），（长颈鹿、长颈鹿）。把每种搭配方式看作一个抽屉，把 7 个小朋友看作物体，那么根据抽屉原理，至少有两个物体要放进同一个抽屉里，也就是说，至少两人挑选玩具采用同一搭配方式，选的玩具相同。

上面数例论证的似乎都是"存在"、"总有"、"至少有"的问题，不错，这正是抽屉原则的主要作用。需要说明的是，运用抽屉原则只是肯定了"存在"、"总有"、"至少有"，却不能确切地指出哪个抽屉里存在多少。

抽屉原理虽然简单，但应用却很广泛，它可以解答很多有趣的问题，其中有些问题还具有相当的难度。

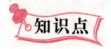 知识点

奇　数

　　奇数就是单数。整数中，能被 2 整除的数是偶数，不能被 2 整除的数是奇数，偶数可用 $2k$ 表示，奇数可用 $2k+1$ 表示，这里 k 是整数。奇数包括正奇数、负奇数。

　　两个连续整数中必有一个奇数和一个偶数。奇数跟奇数的和是偶数；偶数跟奇数的和是奇数；任意多个偶数的和是偶数。奇偶性相同的两数之和为偶数；奇偶性不同的两数之和为奇数。两个奇（偶）数的差是偶数；一个偶数与一个奇数的差是奇数。

▶▶▶ 延伸阅读

我国古代数学家赵爽

　　赵爽，字君卿，又名婴，东汉末至三国时代的吴国人。生卒年不详，大约生活于公元 3 世纪初。据史料记载，赵爽曾经研究过张衡的天文数学著作《灵宪》和刘洪的《乾象历》，也提到过"算术"，他对数学有深刻的理解。

　　赵爽在数学上最主要的贡献是，他在公元 222 年，深入研究了《周髀算经》，不仅为该书写了序言，还作了非常详细的注释。他的工作有图为证，永载史册。赵爽在《周髀算经注》中，逐段解释《周髀算经》的内容，而最为精彩的是附录于首章的"勾股圆方图"，短短 500 余字，附图 6 张，概括了《周髀算经》、《九章算术》以来中国人关于勾股算术的成就，其中包含了勾股定理。

　　在《周髀算经》的开篇是以对话的方式记载了公元前 11 世纪政治家周公与大夫商高讨论了勾股测量问题。商高曰："数之法出于圆方。圆出于方，方出于矩，矩出于九九八十一。故折矩以为勾广三，股修四，径隅五。既方其外，半之一矩，环而共盘得三、四、五，两矩共长二十有五是谓积矩。故禹之

所以治天下者此数之所由生也。"商高答周公问时提到"勾广三，股修四，径隅五"，这是勾股定理的特例，因此它又被称为商高定理。它说明早在商高那个年代，人们就在讨论这个问题的解法了。

赵爽的《周髀算经注》是数学史上极有价值的文献。它记述了勾股定理的理论证明，将勾股定理表述为："勾股各自乘，并之，为弦实。开方除之，即弦"。证明方法叙述为："按弦图，又可以勾股相乘为朱实二，倍之为朱实四，以勾股之差自相乘为中黄实，加差实，亦成弦实。"他撰成《勾股圆方图说》，附录于《周髀》首章的注文中。勾股图说，短短500多字，简练地总结了后汉时期勾股算术的辉煌成就，不仅勾股定理和其他关于勾股弦的恒等式获得了相当严格的证明，并且对二次方程解法提供了新的意见。

赵爽是中国古代最早对数学定理和公式进行证明与推导的数学家之一，他在《周髀算经》书中补充的"勾股圆方图及注"和"日高图及注"是十分重要的数学文献。在"勾股圆方图及注"中，他提出用弦图证明勾股定理和解勾股形的5个公式；在"日高图及注"中，他用图形面积证明汉代普遍应用的重差公式。赵爽的工作是带有开创性的，由于他取得的成就，在中国古代数学发展中占有重要地位。赵爽为中国古代数学体系奠定了理论基础。

其他计数问题的解题技巧

计数问题包含的比较多，有容斥原理、抽屉原理、排列组合、相邻问题、概率问题等题型，具体解题技巧如下。

一般在排列组合中遇到的问题，

排列公式：$P_n^r = n(n-1)\cdots(n-r+1) = \dfrac{n!}{(n-r)!}$

组合公式：$C_n^r = \dfrac{P_n^r}{r!} = \dfrac{n!}{r!(n-r)!}$

组合恒等式：$C_n^r = C_n^{n-r}$

相邻问题——捆绑法：先将相邻元素全排列，然后视其为一个整体与剩余元素全排列。

不相邻问题——插空法：先将剩余元素全排列，然后将不相邻元素有序插入所成间隙中概率问题：单独概率＝满足条件的情况数÷总的情况数

总体概率＝满足条件的各种情况概率之和

分步概率＝满足条件的每个步骤概率之积

例1 在六年级96个学生中，调查会下象棋和会打乒乓球的人数，发现每个学生至少会一种。调查结果是，有7/12的学生会下象棋，有1/4的学生两样都会，求会打乒乓球的有多少学生？

解析： 会下象棋的：96×7/12＝56（人）

下象棋和打乒乓球都会的有：96×1/4＝24（人）

只会打乒乓球的有：96－56＋24＝64（人）

例2 用1个5分币、4个2分币、8个1分币买了一张蛇年8分邮票，共有多少种付币方式？

解析： 只用一种币值付的方法有2种（都用1分或都用2分）；

只用1分和2分两种币值的方法有3种；

只用1分和5分两种币值的方法有1种；

三种币值都用上的有1种，共有（2＋3＋1＋1）＝7（种）。

例3 红光小学五年二班选两名班长。投票时，每个同学只能从4名候选人中挑选2名。这个班至少应有多少个同学，才能保证有8个或8个以上的同学投了相同的2名候选人的票？

解析： 从4名候选人中选出2名，共有C_4^2＝6（种）不同的选法。

将这6种选法当作抽屉，全班学生当作物品，至少有6×（8－1）＋1＝43（件）物品。

例4 有红、黄、蓝、白色的小球各10个，混合放在一个布袋里。一次摸出小球5个，其中，至少有几个小球的颜色是相同的？

解析： 从最极端的情况想，因为只有4种颜色，因此至少有2个小球的颜色是相同的。

例 5　五年级（1）班全体学生 42 人开展第二课堂活动，他们从学校大队部借来图书 222 本，规定每人借的书不得超过 6 本。至少有几个学生借足 6 本书？

解析：要使借足 6 本书的学生尽量少，那么，借足 5 本书的学生要尽量多。因为 222＝5×42＋12，所以，至少有 12 个学生借足 6 本书。

例 6　一游人匀速在小路上散步，从第 1 棵树走到第 12 棵树用了 11 分钟，如果这个游人走了 25 分钟，应走到第几棵树？

解析：这个游人用 11 分钟走了 12－1＝11（个）间隔，

所以走两棵树之间一个间隔用时 11÷11＝1（分钟）。

这人走了 25 分钟，共走了 25 个间隔，所以这个游人走了 25 分钟，应走到第 25＋1＝26（棵）树。

例 7　甲读一本书，已读与未读的页数之比是 3：4，后来又读了 33 页，已读与未读的页数之比变为 5：3。这本书共有多少页？

解析：设此书页数为 x，则有 $\frac{3}{7}x+33=\frac{5}{8}x$，解得 $x=168$。

知识点

排列组合

排列，组合学的基本概念，就是指从给定个数的元素中取出指定个数的元素进行排序。组合则是指从给定个数的元素中仅仅取出指定个数的元素，不考虑排序。排列组合的中心问题是研究给定要求的排列和组合可能出现的情况总数。排列组合与古典概率论关系密切。

延伸阅读

我国古代数学家郭守敬

郭守敬（1231—1316），字若思，出生在邢州（今河北邢台），是中国元代的天文学家、数学家、水利专家和制造科学仪器的专家。

　　郭守敬出生在一个读书人家，从小就喜欢读书，他对天文学特别感兴趣，还自己动手做了一些小的天文仪器。他继承祖父郭荣的家学，刻苦钻研天文、数学、水利方面的知识。

　　公元 1276 年，元世祖忽必烈攻下南宋首都临安，在统一前夕，下令制定新历法，由张文谦负责成立新的治历机构太史局。太史局由王恂负责，郭守敬辅助。在学术上则王恂主推算，郭主制仪和观测。后来太史局改名为太史院，王恂任太史令，郭守敬为同知太史院事，建立了天文台。当时还有杨恭懿等人一起参与此事。经过 4 年的努力，终于编出了新历，由忽必烈定名为《授时历》。

　　《授时历》是中国古代一部很精良的历法。王恂、郭守敬采取理论与实践相结合的科学态度，他们首先分析研究了汉代以来的 40 多家历法，吸取各历之长。王恂和郭守敬主张制历应"明历之理"并提出"历之本在于测验，而测验之器莫先仪表"，因此在新历法制定过程有许多重要的成果。

　　《授时历》也是我国古代最精密的一部历法，和南宋杨忠辅制的统天历一样，以 365.2425 日作为一回归年，如果以小时计算，是 365 日 5 时 49 分 12 秒，比地球绕太阳公转一周的实际时间只差 26 秒，经过 3320 年后才相差一日，跟目前国际通用的公历完全相同。但是格里历公元 1582 年才开始使用，比《授时历》要晚 300 年，比统天历更晚了近 400 年。

　　在研制《授时历》的过程中，郭守敬等人在数学上也取得了很大的成就。在授时历中应用招差法推算太阳、月亮以及五星逐日运行的情况，较欧洲早 400 年，英国天文学家格列高里最先对招差法作了说明（1670），在牛顿的著作中，直到公元 1676—1678 年才出现招差法的普遍公式。

　　郭守敬是与张衡、祖冲之等人齐名的我国古代八大科学家之一，是 13 世纪末登上世界科学高峰的杰出人物。郭守敬在研制新历法过程中，认真分析研究了西汉以来的 70 多种历法，广泛吸取前人的经验，同时也坚持进行实际的测量，努力提高新历法的精度。

　　为了纪念郭守敬的功绩，邢台市最主要的一条街道命名为"郭守敬大道"，现更名为"守敬北路"和"守敬南路"，并在达活泉公园内建立了郭守敬纪念馆，其中有郭守敬雕塑、观星台等。1981 年，为纪念郭守敬诞辰 750 周年，国际天文学会以他的名字为月球上的一座环形山命名，并将小行星 2012 命名为"郭守敬小行星"。

巧用正负数

有些只有正、反两种变换的实际问题，看来似乎难以解答，但如果巧妙地引进正负数，则使问题变得简明清晰，从而顺利地求出答案或作出正确判断。我们通过两个实际问题的解答，来说明如何巧妙地运用正负数。

例 1　将七只杯子放在桌上，使三只杯口朝上，四只杯口朝下。现要求每次翻转其中任意四只，使它们杯口朝向相反，问能否经有限次翻转后，让所有杯子杯口朝下？

很明显，用翻转试验的办法既繁琐，又难以奏效。为此，我们采用数学的抽象分析法，把这一具体问题转化成抽象的数学问题，进而利用数学知识作出正确判断。

因为杯口只有朝上、朝下两个方向，每次翻转相当于改变杯口朝向，所以可引入正负数来解答这一问题。

设杯口朝上用 $+1$ 表示，杯口朝下用 -1 表示，则开始时七个数的乘积为 $+1$。因每次翻转改变四个数的符号，相当于四个数各乘以 -1，所以其结果是七个数之积再乘以 $(-1)^4$。因此乘积仍为 $+1$。经有限次翻转后，这个结果将总维持下去。这与七只杯子都朝下时七个数之积为 -1 矛盾。由此得出结论：不能经有限次翻转，使七只杯子的杯口全部朝下。

例 2　画一个圆，沿圆周均匀地放上 4 个围棋子，黑白都行。然后按下列规则变换：要是原来相邻的两个棋子颜色相同，在它们之间放上一个黑子；要是相邻两个棋子颜色不同，在它们之间放上一个白子，然后把原来的那四个棋子拿走。求证：不管原来那四个棋子颜色如何，最多只须经过四次变换，圆周上的四个棋子都会换成黑子。

乍看起来，这是一个纯粹智力测验的题目，与数学关系不大。难就难在黑子白子的分布可以完全没有规律，而且题目中也没有可供作数学运算的对象。看来，把这个问题转化成明确的数学问题，这是最关键的一步。

让我们来仔细研究变换规则，作一些联想和对比。简单地说，变换规则是：相邻同色，中间放黑子；相邻异色，中间放白子。这就使我们联想起乘法规则：同号相乘为正，异号相乘为负。因只有白子、黑子之分，所以我们可试用数字 1 代表黑子，（−1）代表白子。黑子与白子之间放一个白子，正好用 $1 \times (-1) = (-1) \times 1 = -1$ 来表示；两黑子之间及两白子之间放一黑子，正好用 $1 \times 1 = (-1) \times (-1) = 1$ 来表示。于是，经过一次变换，乃是用相邻的两个数相乘之后所得出的四个积来代替原来的四个数。设原始状态用 x_1，x_2，x_3，x_4 来记，由于每一个棋子可能为白子，也可能为黑子，因此 x_1，x_2，x_3，x_4 中的每个数，既可能是 1，也可能是 −1。连续进行三次变换，可产生以下情况：

原始状态：$x_1 \ x_2 \ x_3 \ x_4$

第一次变换：$x_1 x_2 \ x_2 x_3 \ x_3 x_4 \ x_4 x_1$

第二次变换：$x_1 x_2^2 x_3 \ x_2 x_3^2 x_4 \ x_3 x_4^2 x_1 \ x_4 x_1^2 x_2$

第三次变换：$x_1 x_2^3 x_3^3 x_4 \ x_2 x_3^3 x_4^3 x_1 \ x_3 x_4^3 x_1^3 x_2 \ x_4 x_1^3 x_2^3 x_3$

由于 $x_1^2 = x_2^2 = x_3^2 = x_4^2 = 1$，因此经过三次变换后，四个数实际上都等于 $x_1 x_2 x_3 x_4$。如果这个数为 1，那么已经全出现黑子；如果这个数是 −1，那么再进行一次变换，就会全部出现黑子了。至此，结论得证。为了更好地理解这一结论，我们来看一个具体例子：假设四个棋子中，

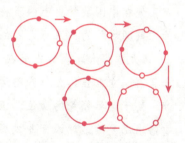

三黑一白，如图所示，果然不出四次变换，圆周上的棋子全是黑色的了。

📌 知识点

的运算法则。引入的正负数加法法则称为"正负术"。正负数的乘除法则出现得比较晚,在1299年朱世杰编写的《算学启蒙》中,《明正负术》一项讲了正负数加减法法则。负数概念的引入是中国古代数学最杰出的创造之一。

延伸阅读

我国古代数学家刘徽

刘徽(约225—295)魏晋时期的数学家。他在公元263年撰写的著作《九章算术注》以及后来的《海岛算经》,是我国最宝贵的数学遗产之一,也奠定了他在中国数学史上的不朽地位。刘徽对世界数学作出的最突出的贡献是他的"割圆术"的方法与无限细分逐步逼近的极限思想。

《九章算术》大约成书在东汉之初,共有246个问题的解法。书中主要包含了解联立方程,分数四则运算,正负数运算,几何图形的体积面积计算等内容,处于世界领先的地位。但是由于一些解法比较原始,而且对用到的定理没有给出必要的证明,因此刘徽才写了《九章算术注》,对《九章算术》使用的数学概念加以说明,对公式、定理一一作了补充证明;并对解题过程进行分析,提出了很多独创的见解。

《九章算术注》充分显示了刘徽具有多方面的知识和创造性,也反映其严谨的逻辑思维和深刻的数学思想。因此刘徽的《九章算术注》是一项非常重要的工作,为中国古代数学奠定了坚实的理论基础。刘徽在数学上有许多杰出的创造。他精辟地研究了开方不尽数,用首创的十进分数(小数的前身)来刻画它们,向着无理数的认识迈出了重要的一步。

刘徽数学成就中最突出的是"割圆术"和体积理论。刘徽割圆术的基本思想是"割之弥细,所失弥少,割之又割以至于不可割,则与圆合体而无所失矣",就是说分割越细,误差就越小,无限细分就能逐步接近圆周率的实际值。他很清楚圆内接正多边形的边数越多,所求得的π值越精确这一点。刘徽用割圆的方法,从圆内接正六边形开始算起,将边数一倍一倍地增加,即12、24、48、96……因而逐个算出六边形、十二边形、二十四边形……的边长,这些数值逐步地逼近圆周率。他做圆内接96边形时，求出的圆周率是3.14，这个结果已经比古率精确多了。他算到了圆内接正3072边形，得到圆周率的近似值为3.1416。刘徽首次用理论的方法算得圆周率为157/50和3927/1250。

刘徽首创"割圆术"的方法，可以说他是中国古代极限思想的杰出代表，不仅为200年后祖冲之的圆周率计算提供了思想方法与理论依据，也对中国古代的数学研究产生了很大的影响。

刘徽思想敏捷，方法灵活，既提倡推理又主张直观。他是我国最早明确主张用逻辑推理的方式来论证数学命题的人。刘徽的一生是刻苦钻研数学，探求真理的一生。他虽然地位低下，但人格高尚。他不是沽名钓誉的庸人，而是学而不厌的伟人，他给我们中华民族留下了宝贵的财富。

面积变大的奥秘

请拿出三角板（或直尺）、剪刀。

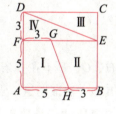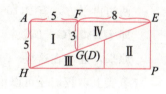

先画一个边长是8厘米的正方形，并把它划分成四部分（左图），然后拼成右图所示的长方形。

一件奇怪的事情发生了：

正方形的面积是 $8 \times 8 = 64$（cm²），而长方形的面积是 $5 \times 13 = 65$（cm²），面积增加了 1 cm²！

图形的拼接，只是移动了各部分的位置，总面积不应当发生变化。难道拼成的不是一个长方形？

仔细检查各个"接口"。左图中，$GF \perp AD$，且 $GF = DF$，因此在右图中，A、F、E 共线且 GF 与 DF 重合。这样，左图中的 I、IV 两部分拼成了图5中的 $Rt\triangle AHE$。同样，左图中的 II、III 两部分拼成了右图中的 $Rt\triangle PEH$。容易证明 $Rt\triangle PEH$ 和 $Rt\triangle HAE$ 组成长方形。

这就真怪了！

我们现在的心情，好像在马路上捡到一元钱：这不是我的呀！一定要交出去。可是，"失主"在哪里呢？

冷静下来，会发现刚才检查"接口"时，忽略了一点：右图中，H、G、E是否在一条直线上？

为此，我们只要考查下面的等式是否成立：$HE = HG + DE$。

不难算出

$HE = \sqrt{5^2 + 13^2} = \sqrt{194}$，

$HG = \sqrt{5^2 + (5-3)^2} = \sqrt{29}$，

$DE = \sqrt{3^2 + 8^2} = \sqrt{73}$。

要比较两个根式的值的大小，通常采用平方比较法：

$\sqrt{194} \vee \sqrt{29} + \sqrt{73}$，

这里，符号"$\vee$"表示这两个数大小关系暂不确定，将上式两边平方，有

$194 \vee (29 + 73) + 2\sqrt{29 \times 73}$，

即 $46 \vee \sqrt{29 \times 73}$，

两边再平方，有 $2116 < 2117$。

即 $HE < HG + DE$。

原来，症结在这里——H、G、E不在一条直线上！（T3）

事实上，我们还可以用其他方法证明这一点。

在上左图中，延长 HG 交 AD 的延长线于 K，如右图。

如果上右图中的 H、G、E 共线，则必有

$\text{Rt}\triangle GFK \cong \text{Rt}\triangle DFE$，从而 $KF = EF = 8$ 厘米。

而在 $\text{Rt}\triangle KAH$ 中，有 $\dfrac{FG}{AH} = \dfrac{KF}{KF+FA} \Rightarrow \dfrac{3}{5} = \dfrac{KF}{KF+5} \Rightarrow$

$KF = \dfrac{15}{2} \neq 8$

所以，H、G、E 不在一条直线上。

当然，还可以通过计算 $\angle GHA + \angle EDC$ 是否等于 $90°$，来证明这一点。读者不妨一试。

这就是说，图中的Ⅰ、Ⅳ两部分并不是像我们"看到的"那样，拼成了

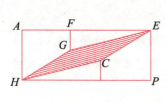

Rt△*AHE*，而是拼成了凹四边形 *AEGH*。同样，Ⅱ、Ⅲ 两部分拼成了凹四边形 *PHCE*。或者说，用左图中的四块图形并不能填满一个 5×13 的长方形，四块图形之间是有空隙的！如果把这个空隙夸大，就像上图所示。

其实，这个空隙很小，折线 *HG+GE* 和线段只相差 0.0008 厘米！

这个空隙到底有多大？回答这个问题，还有一番复杂而有趣的计算，需要耐心和细致。

$\because HG=CE$，$HC=GE$，

$\therefore$ 图中 *HCEG* 是平形四边形。

在△*HCE* 中，$HC=\sqrt{73}$，$CE=\sqrt{29}$，$HE=\sqrt{194}$，由海仑公式

$$S_{\triangle HCE}=\sqrt{s(s-a)(s-b)(s-c)}$$

$$=\sqrt{\frac{\sqrt{73}+\sqrt{29}+\sqrt{194}}{2} \cdot \frac{\sqrt{73}+\sqrt{29}-\sqrt{194}}{2}}$$

$$\times \frac{\sqrt{73}+\sqrt{194}-\sqrt{29}}{2} \cdot \frac{\sqrt{194}+\sqrt{29}-\sqrt{73}}{2}$$

$$=\sqrt{\frac{(\sqrt{73}+\sqrt{29})^2-(\sqrt{194})^2}{4}}$$

$$\times \frac{(\sqrt{194})^2-(\sqrt{73}-\sqrt{29})^2}{4}$$

$$\sqrt{\frac{\sqrt{29\times73}-46}{2} \cdot \frac{46+\sqrt{29\times73}}{2}}$$

$$=\frac{1}{2}\sqrt{(\sqrt{29\times73})^2-46^2}$$

$$=\frac{1}{2}\sqrt{2117-2116}$$

$$=\frac{1}{2}$$

$\therefore S_{\square HCEG}=2S_{\triangle HCE}$

$=1$（cm²）。

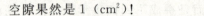
空隙果然是 1（cm²）！

数学是一门严格的科学，像眼睛容不得尘埃，数学容不得丝毫的失误——不管这失误来自计算上的粗心，还是判断上的臆想。这是我们探索面积变大的奥秘得到的启示。

知识点

等　式

含有等号的式子叫做等式。其形式是，把相等的两个数（或字母表示的数）用等号连接起来。

等式的性质是解方程的基础，很多解方程的方法都要运用到等式的性质。如移项，去分母等。

延伸阅读

我国古代数学家沈括

沈括（1033—1097）北宋钱塘（今杭州）人，是我国历史上一位博学多才、成就卓著的学者，他也是 11 世纪世界一流的科学家。沈括自幼好学，对天文、地理、数学、物理、化学、生物、医药、水利、军事、文学、音乐很多方面的知识都感兴趣，并认真研究，加以改进，取得了许多的科学成就。

沈括不仅精通天文、数学、物理学、化学、生物学、地理学、农学和医学；他还是卓越的工程师、出色的军事家、外交家和政治家；同时他博学善文，对方志律历、音乐、医药等无所不精。沈括青少年时随父沈周先后到过润州、泉州、开封、江宁等地，增长了不少书本外的知识，为他以后做学问奠定了良好的基础。

沈括曾在东京（开封）担任过昭文馆编校、司天监等职务，这使他有机会阅读了大量丰富的皇家藏书。他晚年提出的用太阳历，即"十二气历"的主张，使他成为世界上第一个提出太阳历和农历结合的人。他对传统历法的缺点作了科学分析，说传统历法用闰月的方法来调整太阳和月亮的运行周期，是费力又不解决问题。他为此主张采取太阳历，按十二节气把一年分成 12 个月。1930 年，英国气象局局长肖伯纳也曾提出了与沈括相同的理论，但比沈括晚900 多年。

沈括在数学方面也有精湛的研究。他根据平时遇到的一些计算问题，从实际应用需要出发，创立了"隙积术"和"会圆术"。沈括通过对酒店里堆起来的酒坛和垒起来的棋子等有空隙的堆积体的研究，提出了计算总数的一般方法，这就是"隙积术"，也就是二阶等差级数的求和方法。沈括的研究，发展了自《九章算术》以来的等差级数问题，推动了我国宋代关于高阶等差级数的研究。

另外沈括还从计算田亩出发，考察了圆弓形中弧、弦和矢之间的关系，提出了我国数学史上第一个由弦和矢的长度，求弧长的比较简单实用的近似公式，这就是"会圆术"。这一方法的创立，不仅促进了平面几何学的发展，而且在天文计算中也起了重要的作用，并为我国球面三角学的发展奠定了基础，也作出了重要的贡献。

沈括的著作甚多，只可惜大多数都失传了，他晚年所著的《梦溪笔谈》详细记载了劳动人民在科学技术方面的卓越贡献和他自己的研究成果，反映了我国古代特别是北宋时期自然科学达到的辉煌成就。《梦溪笔谈》不仅是我国古代的学术宝库，而且在世界文化史上也有重要的地位。

日本数学家三上义夫在《中国算学之特色》中，对他有这样的评价："日本的数学家没有一个比得上沈括，像中根元圭精于医学，音乐和历史，但没有沈括的经世之才；本多利明精于航海术，有经世之才，但不能像沈括的多才多艺……沈括这样的人物，在全世界数学史上找不到，只有中国出了这一个人。我把沈括称作中国数学家的模范人物或理想人物，是很恰当的。"

几何题的求证

求证一道几何题，或由结论寻找它成立的必要条件，或由已知条件导出结论，这种求证题总是和某一几何图形对应着。几何题的证明，都是推出中间结

果，这样的工作重复多次，可使"题设"向"题断"逐渐靠近；或者也可以说是通过分解几何证题所对应图形，这种思维方式广泛适用于一切数学证题。通过看题干，尽可能多地获得已有信息并能推出潜在内容。

证明"蝴蝶定理"

美国第 24 届大学生数学竞赛题中有这样一个平面几何证明题："过圆 O 的弦 AB 的中点 M，引任意两条弦 CD 与 EF，连结 CF 和 ED 分别交 AB 于 P，Q。求证：$PM = MQ$。"这是有名的"蝴蝶定理"。你会证明吗？请试一试。

证明：如图所示，由熟知的正弦定理可得：

$$\frac{PM}{\sin\alpha} = \frac{CP}{\sin\beta}$$

$$\frac{EQ}{\sin\theta} = \frac{MQ}{\sin\alpha}, \quad \frac{QD}{\sin\beta} = \frac{MD}{\sin\delta}$$

$$\frac{PM}{\sin\delta} = \frac{PF}{\sin\theta}，以上四式相乘得：$$

$$EQ \cdot QD \cdot PM^2 = CP \cdot PF \cdot QM^2 \qquad ①$$

又，由相交弦定理知：

$$EQ \cdot QD = AQ \cdot QB = (AM + MQ)(MB - MQ)$$

$$CP \cdot PF = AP \cdot QB = (AM - MP)(MB + MP)$$

$$\because AM = MB \quad \therefore EQ \cdot QD = AM^2 - MQ^2，$$

$$CP \cdot PF = AM^2 - MP^2$$

以此代入①式得：

$$(AM^2 - QM^2)PM^2 = (AM^2 - PM^2)QM^2$$

故　$PM = MQ$。

射箭问题

（1）现有 7 支箭全部射在一张边长为 1 米的正六边形箭靶上，证明必至少有两支箭之间的距离不超过 1 米；（2）若将 19 支箭全部射在边长为 1 米的正六边形箭靶上，证明必至少有两支箭之间的距离不超过 $\frac{\sqrt{3}}{3}$ 米。

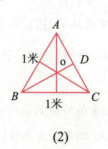

（1）　　　　　　　（2）

证明：（1）将 7 支箭射在边长为 1 米的正六边形箭靶上，必至少有 $\frac{7}{6}+1$ ＝2 支箭落在同一个小三角形中，它们之间的距离不超过小三角形的边长 1 米。

（2）将 19 支箭射在边长为 1 米的正六边形箭靶上，必至少有 $\frac{19}{6}+1=4$ 支箭落在同一个小三角形中，将该小三角形 ABC 再分成 6 个小三角形，设 O 为中心，则至少有 2 支箭之间的距离不超过 OB 的长（最极端情形是 4 支箭恰好分别落在 A，B，O 各点，此时，任两支箭的距离都等于 OB 的长，也属于"不超过"，除此情形之外，至少有两支箭的距离小于 OB 的长），而 $OB=\frac{2}{3}$

$OD=\frac{2}{3}\cdot\frac{\sqrt{3}}{2}=\frac{\sqrt{3}}{3}$，所以至少有 2 支箭的距离不超过 $\frac{\sqrt{3}}{3}$ 米。

此题的证明并不排除有 2 支或几支箭落在同一点上的情形，若是这样，至少有 2 支箭的距离为 0，题目结论当然正确。

同色三角形

空间中有 6 个点，其中任意三点都不在同一直线上，任意四点都不在同一平面上，（1）将它们两两连结可以得到多少条线段？（2）若将这些线段分别涂上红蓝两种颜色中的一种，试证明：无论怎样涂色，一定存在至少一个相同颜色的三角形。

解答：（1）设空间 6 个点为 P_1，P_2，P_3，P_4，P_5，P_6，从 P_1 出发的有 5 条线段，从 P_2 出发的也有 5 条线段，……，从 P_6 出发的也有 5 条线段，这

样共有 $6 \times 5 = 30$ 条线段。但按上述算法，每条线段都算了 2 次（例如线段 P_1P_2，它既是从 P_1 出发的 5 条线段之一，又是从 P_2 出发的 5 条线段之一）

所以，将六点两两连结，实际上可得 $\frac{30}{2} = 15$ 条线段。

（2）将这 15 条线段共染红、蓝两种颜色，现考察从其中一点 P_1 出发的 5 条线段 P_1P_2，P_1P_3，P_1P_4，P_1P_5，P_1P_6，至少有 $\frac{5}{2} + 1 = 3$ 条线段同色，不妨设这三条线段为 P_1P_2，P_1P_3，P_1P_4，它们都涂了红色；则线段 P_2P_3，P_3P_4，P_2P_4 或者同色，此时题目获证；或者至少有 1 条为红色（比如 P_3P_4），这时，$\triangle P_1P_3P_4$ 为同色三角形，题目获证。

平面几何

平面几何就是研究平面上的直线和二次曲线（即圆锥曲线，就是椭圆、双曲线和抛物线）的几何结构和度量性质（面积、长度、角度）。平面几何采用了公理化方法，在数学思想史上具有重要的意义。

我国近代数学家李善兰

李善兰，原名李心兰，字竟芳，号秋纫，别号壬叔。生于 1811 年 1 月 2 日，浙江海宁人，是近代著名的数学家、天文学家、力学家和植物学家，创立了二次平方根的幂级数展开式，各种三角函数，反三角函数和对数函数的幂级数展开式，这是李善兰也是 19 世纪中国数学界最重大的成就。

李善兰自幼喜好数学，后以诸生应试杭州，得元代著名数学家李冶撰《测圆海镜》，据以钻研，造诣日深。道光间，陆续撰成《四元解》、《麟德术解》、《弧矢启秘》、《方圆阐幽》及《对数探源》等，声名大起。

咸丰初，旅居上海，1852—1859 年在上海墨海书馆与英国汉学家伟烈亚力合译欧几里得《几何原本》后 9 卷，完成明末徐光启、利玛窦未竟之业。又与伟烈亚力、艾约瑟等合译《代微积拾级》、《重学》、《谈天》等多种西方数学及自然科学书籍。咸同之际，先后入江苏巡抚徐有壬、两江总督曾国藩幕，以精于数学，深得倚重。同治七年（1868），经巡抚郭嵩焘举荐，入京任同文馆算学总教习，历授户部郎中、总理衙门章京等职，加官三品衔。

他以《测圆海镜》为基本教材，培养人才甚多。他学通古今，融中西数学于一堂。1860 年起参与洋务运动中的科技活动。1868 年起任北京同文馆天文算学总教习，直至逝世。

主要著作都汇集在《则古昔斋算学》内，13 种 24 卷，其中对尖锥求积术的探讨，已粗具积分思想，对三角函数与对数的幂级数展开式、高阶等差级数求和等题解的研究，皆达到中国传统数学的很高水平。他一生翻译西方科技书籍甚多，将近代科学最主要的几门知识从天文学到植物细胞学的最新成果介绍传入中国，对促进近代科学的发展作出卓越贡献。

巧算凸多边形的内角度数

1. 有一个凸 $4n+2$ 边形 $A_1A_2\cdots A_{4n+2}$，它的各内角都是 $30°$ 的整数倍，已知关于 x 的方程

$x^2+2x\cdot \sin A_1+\sin A_2=0$　　　　　①

$x^2+2x\cdot \sin A_2+\sin A_3=0$　　　　　②

$x^2+2x\cdot \sin A_3+\sin A_1=0$　　　　　③

都有实数根，请你计算一下这个多边形各内角的度数。

解：因为各内角度数只能是 $30°$，$60°$，$90°$，$120°$，$150°$，所以它们的正弦值可能取 $\frac{1}{2}$，$\frac{\sqrt{3}}{2}$，1，若 $\sin A_1=\frac{1}{2}$，由于 $\sin A_3\geqslant \frac{1}{2}$，$\sin A_2\geqslant \frac{1}{2}$，所以方程

①的根的判别式 $\Delta_1 \neq \frac{1}{2}$；同理，$\sin A_2 \neq \frac{1}{2}$，$\sin A_3 \neq \frac{1}{2}$（否则，与方程②，③有实根矛盾）。若 $\sin A_1 = \frac{\sqrt{3}}{2}$，由于 $\sin A_2 \geqslant \frac{\sqrt{3}}{2}$，$\sin A_3 \geqslant \frac{\sqrt{3}}{2}$，所以方程①的根的判别式 $\Delta_1 = 4(\sin^2 A_1 - \sin A_2) \leqslant 4(\frac{3}{4} - \frac{\sqrt{3}}{2}) < 0$ 与方程①有实根矛盾，故 $\sin A_1 \neq \frac{\sqrt{3}}{2}$，同理，$\sin A_2 \neq \frac{\sqrt{3}}{2}$，$\sin A_3 \neq \frac{\sqrt{3}}{2}$（否则，与方程②，③有实根矛盾）根据上面推证，只能有 $\sin A_1 = \sin A_2 = \sin A_3 = 1$ 即 $A_1 = A_2 = A_3 = 90°$。于是其余 $4n-1$ 个内角之和为 $4n \times 180° - 3 \times 90° = 720°n - 270°$。由于这些角都不超过 $150°$，所以 $720°n - 270° \leqslant (4n-1)150°$，解得 $120°n \leqslant 120°$，故 $n=1$。即这个凸 $4n+2$ 边形实际是个凸 6 边形，$A_4 + A_5 + A_6 = 4 \times 180° - 3 \times 90° = 450°$，又因为 $A_4 + A_5 + A_6 = 450°$，所以 A_4，A_5，$A_6 \leqslant 150°$，所以 $A_4 = A_5 = A_6 = 150°$。

2. 已知，一个凸多边形，除了一个内角外，其他内角的和为 $2570°$，求这个没计算在内的内角度数。

解：方法 1：设多边形边数为 n，除去的角度数为 X（$0 < X < 180$）。

依题意可知：

$(n-2) * 180 - X = 2570$；

$X = (n-2) * 180 - 2570$

则 $0 < (n-2) * 180 - 2570 < 180$；

解之得 $16.3 < n < 17.3$；

故整数 $n = 17$，故 $X = (17-2) * 180 - 2570 = 130$（度）。

方法 2：设多边形边数为 n，除去的角度数为 X（$0 < X < 180$）。

依题意得：$(n-2) * 180 - X = 2570 = 14 * 180 + 50 = 15 * 180 - 130$

即 $(n-2) * 180 - X = 15 * 180 - 130$

观察比较可知：$X = 130$，即没计算在内的角为 $130°$。

知识点

内 角

三角形内角和为 $180°$，四边形内角和为 $360°$。以此类推，加一条边，内角和就加 $180°$。

多边形内角和的公式为：$(n-2) \times 180°$

正多边形各内角度数为：$(n-2) \times 180° \div n$。

延伸阅读

我国著名数学家华罗庚

我们知道，华罗庚是一位靠自学成才的世界一流的数学家。他仅有初中文凭，因一篇论文在《科学》杂志上发表，得到数学家熊庆来的赏识，从此华罗庚北上清华园，开始了他的数学生涯。

1936 年，经熊庆来教授推荐，华罗庚前往英国，留学剑桥。20 世纪声名显赫的数学家哈代，早就听说华罗庚很有才气，他说："你可以在两年之内获得博士学位。"可是华罗庚却说："我不想获得博士学位，我只要求做一个访问学者。我来剑桥是求学问的，不是为了学位。"两年中，他集中精力研究堆垒素数论，并就华林问题、他利问题、奇数哥德巴赫问题发表了 18 篇论文，得出了著名的"华氏定理"，向全世界显示了中国数学家出众的智慧与能力。

1946 年，华罗庚应邀去美国讲学，并被伊利诺大学高薪聘为终身教授，他的家属也随同到美国定居，有洋房和汽车，生活十分优裕。当时，不少人认为华罗庚是不会回来了。

新中国的诞生，牵动着热爱祖国的华罗庚的心。1950 年，他毅然放弃在美国的优裕生活，回到了祖国，而且还给留美的中国学生写了一封公开信，动员大家回国参加社会主义建设。他在信中袒露出了一颗爱中华的赤子之心：

"朋友们！梁园虽好，非久居之乡。归去来兮……为了国家民族，我们应当回去……"虽然数学没有国界，但数学家却有自己的祖国。

华罗庚从海外归来，受到党和人民的热烈欢迎，他回到清华园，被委任为数学系主任，不久又被任命为中国科学院数学研究所所长。从此，开始了他数学研究真正的黄金时期。他不但连续做出了令世界瞩目的突出成绩，同时满腔热情地关心、培养了一大批数学人才。为摘取数学王冠上的明珠，为应用数学研究、试验和推广，他倾注了大量心血。

据不完全统计，数十年间，华罗庚共发表了152篇重要的数学论文，出版了9部数学著作、11本数学科普著作。他还被选为科学院的国外院士和第三世界科学院的院士。

从初中毕业到人民数学家，华罗庚走过了一条曲折而辉煌的人生道路，为祖国争得了极大的荣誉。

巧解追及问题

两物体在同一直线或封闭图形上运动所涉及的追及、相遇问题，通常归为追及问题。

解追及问题的常规方法是根据位移相等来列方程，匀变速直线运动位移公式是一个一元二次方程，所以解直线运动问题中常要用到二次三项式的性质和判别式。另外，在有两个（或几个）物体运动时，常取其中一个物体为参照物，即让它变为"静止"的，只有另一个（或另几个）物体在运动。这样，研究过程就简化了，所以追及问题也常变换参照物的方法来解。这时先要确定其

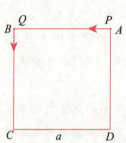

他物体相对参照物的初速度和相对它的加速度，才能确定其他物体的运动情况。

1. 给定一个边长为 a 的正方形 $ABCD$（如左图）。在顶点 A 处有一个质点 P，在顶点 B 处有另一质点 Q。P、Q 两质点同时依逆时针方向沿正方形边线做匀速运动，经过 4 秒钟，P 在 C 点处第一次追上 Q。请计算一

下：(1) 再经过多少秒钟，P 在什么地方第二次追上 Q？(2) 从开始出发到 6 秒钟时，P、Q 之间的距离是多少？

解：(1) 设质点 P 的运动速度为 x，质点 Q 的运动速度为 y。根据题意，质点 P、Q 第一次在 C 点相遇，且经过 4 秒，则

$$x=\frac{2a}{4}=\frac{a}{2}, \quad y=\frac{a}{4}。$$

第二次相遇时，质点 P 比质点 Q 必须多走 $4a$，设 t 秒后再次追上 Q，那么

$$t(x-y)=4a，$$
$$\therefore t=16（秒）。$$

这时，Q 点所走的距离为

$$16\times\frac{a}{4}=4a，$$

即仍在 C 点第二次相遇。

(2) 经过 4 秒钟，P 与 Q 在点 C 处第一次相遇，再经过 2 秒钟，质点 P 到达 D 处，而质点 Q 到达 CD 的中点。所以从开始出发到 6 秒钟时，P、Q 之间的距离为 $\frac{a}{2}$。

2. 甲、乙同时起跑，绕 300 米的环形跑道跑，甲每秒 6 米，乙每秒 4 米，第二次追上乙时，甲跑了几圈？

解：我们应知道，基本等量关系：追及时间×速度差＝追及距离

本题速度差为：$6-4=2$

甲第一次追上乙后，追及距离是环形跑道的周长 300 米。

第一次追上后，两人又可以看做是同时同地起跑，因此第二次追及的问题，就转化为类似于求解第一次追及的问题。

甲第一次追上乙的时间是：$300\div2=150$（秒）

甲第一次追上乙跑了：$6*150=900$（米）

这时乙跑了：$4*150=600$（米）

这表明甲是在出发点上追上乙的，因此，第二次追上问题可以简化为把第一次追上时所跑的距离乘二即可，得甲第二次追上乙共跑了：$900+900=1800$（米）

乙共跑了：$600+600=1200$（米）

那么甲跑了 1800÷300＝6 （圈）

乙跑了 1200÷300＝4 （圈）

知识点

判 别 式

任意一个一元二次方程 $ax^2+bx+c=0$（$a\neq 0$）均可配成 $(x+b/2a)^2$ ＝ $(b^2-4ac)/4a^2$，因为 $a\neq 0$，由平方根的意义可知，b^2-4ac 的符号可决定一元二次方程根的情况。

b^2-4ac 叫做一元二次方程 $ax^2+bx+c=0$（$a\neq 0$）的根的判别式，用 "Δ" 表示，即 $\Delta=b^2-4ac$。

一元二次方程 $ax^2+bx+c=0$（$a\neq 0$）的根的情况判别：（1）当 $\Delta>0$ 时，方程有两个不相等的实数根；（2）当 $\Delta=0$ 时，方程有两个相等的实数根；（3）当 $\Delta<0$ 时，方程没有实数根。

 延伸阅读

数学家陈景润的故事

陈景润是国际知名的大数学家，深受人们的敬重。但他并没有产生骄傲自满情绪，而是把功劳都归于祖国和人民。为了维护祖国的利益，他不惜牺牲个人的名利。

1977 年的一天，陈景润收到一封国外来信，是国际数学家联合会主席写给他的，邀请他出席国际数学家大会。这次大会有 3000 人参加，参加的都是世界上著名的数学家。大会共指定了 10 位数学家作学术报告，陈景润就是其中之一。这对一位数学家而言，这是极大的荣誉，对提高陈景润在国际上的知名度大有好处。

陈景润没有擅作主张，而是立即向研究所党支部作了汇报，请求党的指

示。党支部把这一情况又上报到科学院。科学院的党组织对这个问题比较慎重，因为当时中国在国际数学家联合会的席位，一直被台湾占据着。

院领导回答道："你是数学家，党组织尊重你个人的意见，你可以自己给他们回信。"

陈景润经过慎重考虑，最后决定放弃这次难得的机会。他在答复国际数学家联合会主席的信中写到："第一，我们国家历来是重视跟世界各国发展学术交流与友好关系的，我个人非常感谢国际数学家联合会主席的邀请。第二，世界上只有一个中国，唯一能代表中国广大人民利益的是中华人民共和国，台湾是中华人民共和国不可分割的一部分。因为目前台湾占据着国际数学家联合会我国的席位，所以我不能出席。第三，如果中国只有一个代表的话，我是可以考虑参加这次会议的。"为了维护祖国母亲的尊严，陈景润牺牲了个人的利益。

1979 年，陈景润应美国普林斯顿高级研究所的邀请，去美国做短期的研究访问工作。普林斯顿研究所的条件非常好，陈景润为了充分利用这样好的条件，挤出一切可以节省的时间，拼命工作，连中午饭也不回住处去吃。有时候外出参加会议，旅馆里比较嘈杂，他便躲进卫生间里，继续进行研究工作。正因为他的刻苦努力，在美国短短的五个月里，除了开会、讲学之外，他完成了论文《算术级数中的最小素数》，一下子把最小素数从原来的 80 推进到 16。这一研究成果，也是当时世界上最先进的。

在美国这样物质比较发达的国度，陈景润依旧保持着在国内时的节俭作风。他每个月从研究所可获得 2000 美金的报酬，可以说是比较丰厚的了。每天中午，他从不去研究所的餐厅就餐，那里比较讲究，他完全可以享受一下的，但他都是吃自己带去的干粮和水果。他是如此的节俭，以至于在美国生活五个月，除去房租、水电花去 1800 美元外，伙食费等仅花了 700 美元。等他回国时，共节余了 7500 美元。

这笔钱在当时不是个小数目，他完全可以像其他人一样，从国外买回些高档家电。但他把这笔钱全部上交给国家。他是怎么想的呢？用他自己的话说："我们的国家还不富裕，我不能只想着自己享乐。"

陈景润就是这样一个非常谦虚、正直的人，尽管他已功成名就，然而他没有骄傲自满，他说："在科学的道路上我只是翻过了一个小山包，真正的高峰还没有攀上去，还要继续努力。"

完全三角形的证明

我们把边长之比为 $3:4:5$ 的三角形称为"完全三角形"。显然，完全三角形必是直角三角形；但反之，并不成立。

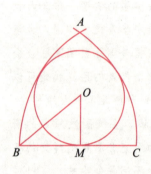

请你证明：如果直角三角形的三边 a、b、c（c 为斜边）满足关系式 $2b=a+c$，那么这个三角形是完全三角形。

这个命题如果证明成立，可以当做完全三角形的一个判定定理。你可以利用这个判定定理，证明下面的问题吗？

已知线段 BC，分别以 B、C 为圆心，BC 为半径画弧，得交点 A。作 $\odot O$ 切 BC 于 M 且同时与 $\overset{\frown}{AB}$、$\overset{\frown}{AC}$ 内切（如图）。求证直角三角形 OBM 是完全三角形。

我们先来证明判定定理。

根据勾股定理及题设条件，有

$$\begin{cases} a+c=2b \\ c^2=a^2+b^2 \end{cases}$$

消去 c，得

$$4b^2-4ab+a^2=a^2+b^2,$$

即　　　$3b^2-4ab=0$

$\because b\neq 0$，　$\therefore b=\dfrac{4}{3}a$，即 $\dfrac{b}{4}=\dfrac{a}{3}$。

又 $\because a+c=2b=\dfrac{8}{3}a$，　$\therefore c=\dfrac{5}{3}a$，即 $\dfrac{c}{5}=\dfrac{a}{3}$。

$\therefore a:b:c=3:4:5$。

也就是说，满足条件 $2b=a+c$ 的直角三角形是完全三角形。

我们来证明第二个问题。

延长 BO 必与 $\odot O$ 与 $\overset{\frown}{AC}$ 的切点相交，设切点为 D（如图所示）。因为 BD

=BC，$OD=OM$，$BM=MC$，所以 $BC=2BM$，$BO+OM=BO+OD=BD=$ $BC=2BM$。根据完全三角形的判定定理知，Rt△OBM 为完全三角形。

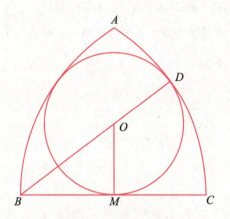

勾股定理

在我国，把直角三角形的两直角边的平方和等于斜边的平方这一特性叫做勾股定理或勾股弦定理，又称毕达哥拉斯定理或毕氏定理。数学公式中常写作 $a^2+b^2=c^2$。

这里有一个简单的证明勾股定理的方法：以 a、b 为直角边（$b>a$），以 c 为斜边作四个全等的直角三角形，则每个直角三角形的面积等于 $\frac{1}{2}ab$。把这四个直角三角形拼成如图所示形状。

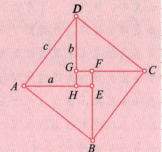

∵Rt△DAH≌Rt△ABE，

∴∠HDA＝∠EAB。

∵∠HAD＋∠HAD＝90°，

∴∠EAB＋∠HAD＝90°，

∴ $ABCD$ 是一个边长为 c 的正方形，它的面积等于 c^2。

∵ $EF=FG=GH=HE=b-a$，$\angle HEF=90°$。

∴ $EFGH$ 是一个边长为 $b-a$ 的正方形，它的面积等于 $(b-a)^2$。

∴ $4\times\dfrac{1}{2}ab+(b-a)^2=c^2$

∴ $a^2+b^2=c^2$。

 延伸阅读

我国现代数学家熊庆来

熊庆来 1893 年 10 月 20 日生于云南省弥勒县，1969 年 2 月 3 日卒于北京。早年肄业于云南高等学堂及英法文专修科。1913 年经云南省留学生考试而被选中派往比利时学习，翌年，转赴法国，先后就读于格伦诺布尔大学、巴黎大学、蒙彼里埃大学及马赛大学，1920 年获理学硕士学位。

回国后，历任云南工业学校及路政学校教员，东南大学（现南京大学）数学系教授兼系主任，清华大学数学系教授兼系主任。

熊庆来多年从事亚纯函数方面的研究，共发表创造性论文 50 多篇。在博士论文中，他建立了无穷级亚纯函数的一个一般性理论。关于奈望林纳的第二基本定理的推广，他得到了一些深入的结果，其中包括函数结合其导数或结合其原函数的基本不等式以及关于代数体函数的第二基本定理的证明及推广，他的重要论文多次为国内外同行所引用或推广其中结果。他综合他人的和自己的一些研究成果，著有《关于亚纯函数及代数体函数，奈望林纳的一个定理的推广》一书，这本书出版在国际上著名的丛书《数学科学纪念文集》之中。还有各种专著及教材 10 余种。

他一生中对中国数学人才的培养及科学研究的开展都作出了重大贡献。他的许多学生，已成为中国及世界上知名的科学家。

高明的直观解法

已知△ABC为等边三角形，$AB=10$。点 M，N，P，Q，…分别是 AC，BC，MC，NC，…的中点。若 $S=BM+MN+NP+PQ+$…试求 S 的值。

这是一道美国数学奥林匹克竞赛题。它的解答需要用到高中代数的知识。但我们可以采用托尔斯泰最欣赏的直观解法，高明地运用平面图形，可以很好地得到解答。请试一试。

解：如图

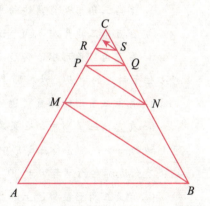

∵ MN 是△ABC 的中位线，

∴ $MN=\dfrac{1}{2}AB$

$=\dfrac{1}{2}AC$。

又∵ $AM=\dfrac{1}{2}AC$，

∴ $MN=AM$。

同理 $PQ=MP$，$RS=PR$，…

∵ △ABM 为直角三角形，$\angle A=60°$，

∴ $BM=\sqrt{3}\,AM$。

同理，$NP=\sqrt{3}\,MP$，$QR=\sqrt{3}\,PR$，…

∴ $S=BM+MN+NP+PQ+QR+RS+$…

$=(BM+NP+QR+$…$)+(MN+PQ+RS+$…$)$

$=\sqrt{3}\,(AM+MP+PR+$…$)+(AM+MP+PR+$…$)$

$=\sqrt{3}\,AC+AC$

$=10\,(\sqrt{3}+1)$。

解答这道题直观帮了忙。法国数学家绍盖说过："直观是创造活动和几何学之间的连杆。"让我们在解题中，更好地发挥这根"连杆"的作用吧。

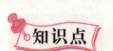

直角三角形

有一个角为 90° 的三角形，叫做直角三角形。

直角三角形是一种特殊的三角形，它除了具有一般三角形的性质外，还具有一些特殊的性质：

1. 直角三角形两直角边的平方和等于斜边的平方。

2. 在直角三角形中，两个锐角互余。

3. 在直角三角形中，斜边上的中线等于斜边的一半。（即直角三角形的外心位于斜边的中点，外接圆半径 $R = c/2$）。

4. 直角三角形的两直角边的乘积等于斜边与斜边上高的乘积。

5. 在直角三角形中，如果有一个锐角等于 30°，那么它所对的直角边等于斜边的一半；在直角三角形中，如果有一条直角边等于斜边的一半，那么这条直角边所对的锐角等于 30°。

6. 直角三角形被斜边上的高分成的两个直角三角形和原三角形相似。

▶▶▶ 延伸阅读

数学宗师苏步青

苏步青，著名数学家、教育家、诗人，国际公认的几何学权威，中国微分几何学派创始人，被国际上誉为"东方国度上灿烂的数学明星"与"东方第一几何学家"。1902 年 9 月出生于浙江平阳，1927 年毕业于日本东北帝国大学数学系。历任浙江大学教授、数学系主任、校教务长，复旦大学教授、教务长、数学研究所所长、副校长、校长、名誉校长等职；出任过上海市政协副主席、上海市人大常委会副主任，全国人大常委，全国人大教科文卫委员会副主任委员，全国政协副主席，民盟中央参议委员会主任，民盟中央副主席、名誉主席。系中国科学院院士。

苏步青出生在浙江雁荡山区的一个农民家庭。由于家境清贫，他从小就在地里劳动，放牛、割草、犁田，什么都干。年幼的他求知欲极强，村里一户有钱人请了家庭教师，教孩子读书。苏步青一有空，就到人家窗外听讲，还随手写写画画。想不到，那家的孩子学得没什么起色，苏步青却长了不少学问。叔叔见他如此好学，便拿出钱，说服他的爸爸，送他去念书。

17岁时，苏步青东渡扶桑，进了日本东京高等工业学校电机系学习，随后又考进了日本东北帝国大学数学系深造。为国争光的信念驱使苏步青较早地进入了数学的研究领域，在完成学业的同时，写了30多篇论文，在微分几何方面取得令人瞩目的成果，并于1931年获得理学博士学位。

苏步青是世界级大数学家，一生专攻几何。在他之前中国尚无微分几何这门学科，他从国外回来后首创微分几何这门学科，填补了我国高校学科的一个空白。随后几十年他在这个领域不断开拓创新，进取发展，使这门学科走在了世界前沿。苏步青被誉为"东方第一几何学家"，以苏步青为首的中国微分几何学派在浙江大学诞生，如今已走向世界。苏步青一生笔耕不辍，著述等身，单几何专著就出了12本，许多在国外被翻译出版，其成果被世人称为"苏氏定理"、"苏氏曲线"、"苏氏锥面"、"苏氏二次曲面"等等。许多理论已被应用于科研实践，如飞机设计、船体放样，既提高了科技产品的质量，又增强了经济效益。

更令人称道的是，作为数学大师的苏步青同时也是一位优秀诗人，其一生与诗结缘，从事诗歌创作的时间长达70余年，出版了《数与诗的交融》。

青蛙的对称跳

这是一道有趣的算题。

设地面上有 A、B、C 三点，一只青蛙位于地面上距离 C 点为 0.27 米的 P 点。青蛙第一步从 P 点跳到关于 A 点的对称点 P_1，我们把这个动作说成是青蛙从 P 点关于 A 点作"对称跳"；第二步从 P_1 点出发关于 B 点作"对称跳"到达 P_2；第三步从 P_2 点出发对 C 点作"对称跳"到达 P_3；第四步再

从 P_3 点对 A 作对称跳到达 P_4，…，按这种方式一直跳下去。问青蛙第六步对称跳后到达的 P_6 点与出发点 P 的距离是多少？P_{11} 点与 P 点的距离是多少？

解：以出发点 P 为原点在地面上任意建立一个直角坐标系，设 A、B、C 三点的坐标分别为 (a_1, a_2)，(b_1, b_2)，(c_1, c_2)（如图）。

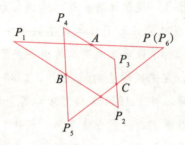

根据"对称跳"的定义，利用中点坐标公式。由 $P(0, 0)$ 不难得出 P_1 点的坐标为 $(2a_1, 2a_2)$。

设 $P_2(x_2, y_2)$，由于 B 是线段 P_1P_2 的中点，因此

$$b_1 = \frac{2a_1 + x_2}{2}, \quad b_2 = \frac{2a_2 + y_2}{2}。$$

所以 $x_2 = 2b_1 - 2a_1$，$y_2 = 2b_2 - 2a_2$。

设 $P_i(x_i, y_i)$，$i = 3, 4, 5, 6$，我们有

$$x_3 = 2c_1 - x_2 = 2(c_1 - b_1 + a_1)，$$

$$x_4 = 2a_1 - x_3 = 2(b_1 - c_1)，$$

$$x_5 = 2b_1 - x_4 = 2c_1，$$

$$x_6 = 2c_1 - x_5 = 0。$$

同理可得 $y_6 = 0$，这表明

$$P_6 = P$$

经过第六步对称跳后，P_6 点与 P 点重合。P_6 与 P 点间的距离为 0。

这说明，青蛙的对称跳，经过六步后又回到原出发处 P 点。

不难算出，$P_{11} = P_5$。而 P_5 关于 C 点对称，因此

$$|P_5P| = 2 \times 0.27 = 0.54（米）= 54 厘米。$$

即青蛙经过 11 步对称跳后，与出发点 P 的距离为 54 厘米。

坐 标

坐标的实质是有序数对。

平面坐标系分为三类：

1. 绝对坐标：是以点 O 为原点，作为参考点，来定位平面内某一点的具体位置，表示方法为：$A(X, Y)$；

2. 相对坐标：是以该点的上一点为参考点，来定位平面内某一点的具体位置，其表示方法为：$A(\Delta X, \Delta Y)$；

3. 相对极坐标：是指出平面内某一点相对于上一点的位移距离、方向及角度，具体表示方法为：$A(r, \theta)$。

延伸阅读

我国当代数学家陈建功

著名的数学家与数学教育家陈建功（1893—1971）早年在浙江大学数学系任教 20 余年，后入复旦大学执教，曾任杭州大学副校长。研究领域涉及正交函数，三角级数，函数逼近，单叶函数与共形映照等。是我国函数论研究的开拓者之一。

陈建功，字业成，1893 年 9 月 8 日生于浙江绍兴府城里（今浙江省绍兴市）。陈建功年幼时因家里贫穷，没有钱请老师，在 5 岁时开始入读于邻家私塾。他聪颖好学，几年后就进了绍兴有名的蕺山书院。1909 年又考入绍兴府中学堂，鲁迅先生当年就在那里执教。1910 年进入杭州两级师范的高级师范求学，他最喜欢的课程是数学。他虽然家境贫寒，但在 1913 年毕业后满怀"科学救国"的希望，仍然自筹路费去日本留学。

1920 年，陈建功再度赴日求学，考入东北帝国大学数学系，来到日本仙台，从此他开始了近代数学的研究。1923年，陈建功在东北帝国大学毕业后，回国任教于浙江工业专门学校，次年应聘为国立武昌大学数学系教授，从此开始了他的大学教学生涯。1926年，陈建功第三次东渡，考入东北帝国大学研究生院攻读博士学位，导师藤原松三郎先生指导他专攻三角级数论。

1929年在获得博士学位的当年，在日本数学界已闻名遐迩的陈建功，以报国为己任，婉言谢绝了导师留他在日本工作的美意，回到朝思暮想的祖国。陈先生动情地说："我来求学，是为了我的国家，并非为我自己。"后就职于浙江大学数学系主任。1930年，陈建功用日文写的《三角级数论》一书，首创了许多数学用语和译语，一直沿用至今，此书也成为国内外重要参考书。

陈建功教授的主要著作有《三角级数论》、《直交函数级数的和》、《实函数论》等。由于他对函数论，特别是对其中的直交函数级数论、三角级数论、单叶函数论和函数逼近论等方面理论问题的解决作出了重大贡献，他和华罗庚、苏步青一起被誉为中国当代三大数学家。

应该知道的数学知识

数学知识包罗万象，是其他学科的基础。为了让青少年朋友开阔眼界，了解数学发展现状，特地增加了本章内容。这既是对趣题智解的延伸，也是深度理解数学概念的必要。随着数学的发展和应用，对于"数学是什么"越来越难于正面回答。我们试图从介绍数学的研究领域以及数学的基本思维方式方法等方面，帮助青少年朋友从不同侧面来理解数学的本质。

0 为何不能作除数

在公元前约 2000 年至前 1500 年左右，最古老的印度文献中已有"0"这个符号的应用，"0"在印度表示空的位置。后来这个数字从印度传入阿拉伯，意思仍然表示空位。

我国古代没有"0"这个符号，最初都用"不写"或"空位"来作解决的方法。《旧唐书》和《宋史》在讲到历法时，都用"空"字来表示天文数据的空位。南宋时《律吕新书》把 118098 记作："十一万八千□九十八"，可见当时是用□表示"0"，后来为了贪图书写时方便将□顺笔改成为"0"形，与印度原先的"0"意义相通。

一般而言，任何数都能被另外的任何数除，只是不能除以 0。"除以 0"是被禁止的；甚至在试图用计算器除以 0 时，也会显示错误消息。为什么除以 0 是禁区呢？

在这里，不是我们不能定义除以 0。例如，我们可以坚持说，任何数除以

0 都等于 42。我们无法作出这样的定义，同时仍然让所有运算法则正常生效。如果采用这种显然很愚蠢的定义，那么 $1÷0=42$ 开始，应用标准运算法则可以推断出 $1=42×0=0$。

在考虑除以 0 之前，我们必须对希望除法遵循的法则达成一致意见。老师一般都会这样介绍，除法是一种与乘法相对的运算。6 除以 2 等于几？得到的值就是乘以 2 得 6 的数，也就是 3。因此下面两个等式在逻辑上是等价的：

$6÷2=3$ 和 $6=2×3$

3 是这里唯一有效的数，因此 $6÷2$ 是无歧义的。

遗憾的是，当我们尝试定义除以 0 时，这种方法遇到了很大的问题。6 除以 0 得几？它是乘以 0 得 6 的数。但是我们知道，任何数乘以 0 都得 0，无法得到 6。

因此 $6÷0$ 不成立。任何除以 0 的数都是如此，也许除了 0 本身。$0÷0$ 等于几？

通常，如果将一个数除以它本身，得到的值为 1。因此我们可以定义 $0÷0=1$。而 $0=1×0$，因此与乘法的关系不冲突。然而，数学家坚持认为 $0÷0$ 没有意义。他们担心的是如果采用另一种算法规则，假设 $0÷0=1$，那么

$2=2×1=2×(0÷0)=(2×0)÷0=0÷0=1$ 这显然是不成立的。

这里的主要问题是：由于任何数乘以 0 都等于 0，因此我们推断出 $0÷0$ 可以是任何数。如果这种算法成立，而且除法是乘法的逆运算，那么 $0÷0$ 可

以是任何数值。它不是唯一的，所以最好避免这种情况。

等一下，如果你除以 0，难道不是得到无穷大吗？

是的，有时数学家使用这种约定。但是当他们这么做时，必须相当小心地检查他们的逻辑，因为"无穷大"是不可捉摸的概念。它的意思取决于上下文，特别要注意的是，你无法假设它能像普通数一样运算。

即使让 $0÷0$ 等于无穷大有意义，这个问题仍然令人头疼不已。

历 法

历法是用年、月、日等时间单位计算时间的方法。主要分为阳历、阴历和阴阳历 3 种。阳历亦即太阳历，其历年为一个回归年，现时国际通用的公历（格里历）即为太阳历的一种，亦简称为阳历；阴历亦称月亮历，或称太阴历，其历月是一个朔望月，历年为 12 个朔望月，其大月 30 天，小月 29 天，伊斯兰历即为阴历的一种；阴阳历的平均历年为一个回归年，历月为朔望月，因为 12 个朔望月与回归年相差太大，所以阴阳历中设置闰月，因此这种历法与月相相符，也与地球绕太阳周期运动相符合。

华罗庚数学奖简介

华罗庚先生是我国著名数学家，他热爱祖国、献身科学事业，一生为发展我国的数学事业和培养人才做出了卓越贡献。为了缅怀华罗庚先生的巨大功绩，激励我国数学家在发展中国数学事业中作出突出贡献，促进我国数学的发展，中国数学会与湖南教育出版社决定设立"华罗庚数学奖"，并共同主办。每两年评选一次。奖励范围为在数学领域作出杰出学术成就的我国数学家。由热心于发展我国数学事业的湖南教育出版社捐资，中国数学会负责评奖与颁奖工作。

中国数学会常务理事会决定组成评奖委员会，其成员为本会正副理事长、秘书长和个别专家组成，他们都是知名数学家。评奖委员会随中国数学会理事会换届而换届（四年一届）。

"华罗庚数学奖"自 1992 年开始设立以来，已连续举办了五届，每届 2 人，每人奖金为 2.5 万元人民币。每届评奖后都召开隆重的颁奖大会，并邀请国家领导人出席大会并为获奖者颁奖。同时通过新闻媒体进行宣传报道，使"华罗庚数学奖"在海内外数学界的影响越来越大。

周三径一的计算

人们对π的研究从什么时候开始，已无据可考，但在我国很早的时候就有"周三径一"的文字记载。

随着经济的发展，"周三径一"已经不能满足人们对精确计算的要求。我国汉代度量衡不统一，商业贸易很不方便。当时皇帝王莽命令天文历法家刘歆用铜造了一个圆柱形的标准量器，叫做"律嘉量斛"。这种量斛是怎么计算出来的，当时没有记载。现在北京故宫博物院中还保存着一具这样的量斛。根据上面的说明不难推出，当时π的值 π≈3.1547。数值虽不够精确，但这是寻求π的精确值的先导，是有很大意义的。

经过几百年数学家不断的推算，到三国时，圆周率 π≈3.1622，是世界上最早的记录，但这些数值都是经验的结果，还缺乏坚实的理论基础。

魏晋数学家刘徽创立了割圆术。这就是说圆的内接正多边形边数无限增加时，它的周长就是圆周长，它的面积就是圆面积。刘徽从圆内接正六边形算起一直求到圆内接正3072边形，从而得到了更精确的圆周率 π≈3.1416。

刘徽的割圆术，为圆周率研究工作奠定了坚实可靠的理论基础，在数学史上占十分重要的地位。

到了南北朝，祖冲之（429—500）和他十三四岁的儿子祖暅发展了刘徽的方法，继续推算圆周率的值。他们从圆内接正六边形算起，一直算到圆内接正24576边形。终于求出了 3.1415926<π<3.1415927。

密率：π=355/113，约率：π=22/7。

祖冲之父子的伟大贡献，使中国对π值的计算在世界上领先1000年，它标志着我国古代灿烂的科学文化的高度发展水平。为纪念祖冲之首创之功，人们称 π=355/113 为"祖率"，以纪念祖冲之的杰出贡献。

2000多年前希腊学者阿基米德也证明了 3.1071<π<3.17，而密率却是一件空前的杰作，355/113 是一个很有趣的数字，分子分母恰好是三个最小奇数

的重复，便于记忆。用 $\pi=355/113=3.1415921920\cdots$ 计算半径为 10 千米的圆周，算出的圆周只比真值小不到 3 毫米！

可在当时没有算盘，也无阿拉伯数码，运算全靠用竹子削成的小棍，来拼摆成各种数字。一切加减乘除，全靠这些竹棍在桌子上摆来摆去。

每求一值，把同一运算程序反复进行 12 次；

每一运算程序是对几位数字的大数进行加减乘除及开方等 11 个步骤……

为了进行这样史无前例的大运算，他们先用斧头上山砍竹棍，然后从山上运到家，再把竹子劈成细条，再截成一小截……这样父子辛苦忙了好多天，才在院内堆起了一座座竹棍的小山。

他们父子夜以继日地计算着，指头磨破了，绿色的斑竹上染上了红红的鲜血，不知奋斗了多少个日日夜夜，才完成了这惊人的繁长的运算。正是：3.1416 虽无声，却是滴滴鲜血来凝成。

直到 1000 年以后，欧洲、印度等地的数学家对圆周率进行推算，才得到了密率：$\pi=355/113$。现在计算 π 值到小数万位，用计算机仅是几分钟的事。

祖率

南北朝时祖冲之算出的圆周率的近似值在 3.1415926 和 3.1415927 之间，并提出圆周率的约率为 22/7，密率为 355/113。祖冲之首创上下限的提法，将圆周率规定在这个界限间。并且他的圆周率精确值在当时世界遥遥领

先，直到 1000 年后阿拉伯数学家阿尔卡西才超过他。所以，国际上曾提议将"圆周率"定名为"祖率"。

▶▶▶ 延伸阅读

《墨经》里的几何思想

一提起几何著作，人们自然想到欧几里得的《几何原本》，它说理清楚，立论严谨，似乎没有一本书能与它相比了。其实，中国《墨经》的几何思想是十分严谨的。它的作者是战国时代的墨翟（约前 468—前 376）。

墨翟出身于贱民阶级，他以古代大禹为榜样，为下层的劳苦大众服务。他不但生活非常简朴，而且刻苦钻研生产的学问。他曾利用几何知识，给人们制造能载 50 石的车辆和生产工具。他为人认真，做任何事情不马虎，不敷衍，表现了一个科学者实事求是的态度，人们尊称他为墨子。

《墨经》虽没有《几何原本》那么完善、丰富和组织严密，但几何部分的若干理论，其定义的确切，实在不亚于《几何原本》。

下面举几例看看《墨经》的几何学。

《墨经》中说："平，同高也。"

译文：所谓平行线是两条在每一处距离都相同的直线。

《墨经》："中，同长也。"

译文：线段上的一个点到两个端点等距离，这点叫线段的中点。

《墨经》："圆，一中，同长也。"

译文：圆（或者球）有且只有一个中心，它和圆周（球面）上每一点的距离都相同。

《墨经》共 15 卷，71 篇，今天只保存下 53 篇。其中几何内容共 19 条，与《几何原本》对照，凡《原本》说到的，这里大都涉及了。所以，可以这样说，《墨经》是世界上最古老的几何学书籍了。

最大的素数是多少

就像千奇百怪的物质世界是由有限种简单的原子构成的一样，庞大的数字系统其实是一些简单的数演变出来的。

自然数集是数学中最基本的最简单的数集了，但它自身也有特定的内部结构。一般地，全体自然数按所含约数的个数可分成 3 部分：

1. 仅有一个正约数的数 1。

2. 有且仅有两个不同正约数的素数（质数），即，除 1 和本身外，没有其他正约数的数。如 2、3、5、7、11……等。

3. 有三个或三个以上不同正约数的合数，即，除 1 和本身外，还有其他正约数的数。如 4、6、8、9、10……等。

远在 2000 多年前，古希腊数学家欧几里得就证明了："任一个大于 1 的自然数要么本身就是素数，要么能分解成几个素数的连乘积。"

这就是说，素数是构成自然数的"单位"。有了这个认识，许多有关自然数乃至整数的命题可以简约成只讨论相应的素数问题去解决。

素数的另一个名字质数，与表示物质的最小单元——质子、力学中不再分解的质点是一样的，都是表示最单纯的和不可再分的意思。

人们重视素数的研究，就像把握原子有利于认识物质一样，掌握素数可以促进对于数的了解，从而加深了人类对于数学的认识。

提到素数，首先一个问题就是，有最大素数吗？

这个问题相当于：素数个数是有限还是无限？

早在 2000 多年前，欧几里得对这个问题就有论述，并将结果写入他的名著《几何原本》中，在该书第 4 卷的命题 20 是这样叙述的："预先给定几个素数，则有比它们更多的素数。"

由此可知，素数个数是无穷多。欧几里得给出的证明在数学中堪称优美的典范。大意是：

设 a、b、c 是预先给定的素数，构造一个数 t：

$$t = a \cdot b \cdot c + 1$$

则已有的素数 a、b、c 均不能整除 t，故 t 要么本身就是素数，此时 t 不等于 a、b、c 中的任一个；要么它能被不同于 a、b、c 的某个素数整除，因此必然存在一个素数 P 不同于已有素数 a、b、c。例如，

$2 \times 3 \times 5 + 1 = 31$，

$3 \times 5 \times 7 + 1 = 106 = 2 \times 53$。

一般地，有了 n 个素数，就可以构造出 $n+1$ 个素数，因此素数个数有无穷多。

为了判定素数并造出素数表以便于研究素数的性质，公元前 3 世纪的古希腊数学家埃拉托塞尼提出了求素数的程序。它记载在尼科马霍斯的《算术入门》第 13 章中，后世称为埃拉托塞尼筛法。

写出从 3 开始的奇数：3，5，7，9，11，13，15，17，19，21，23，25，27，…；

留下 3，并划去其余的所有 3 的倍数 9，15，21 等；

留下 3 后未划去数中的第一个数 5，划去其后的所有 5 的倍数 25，35，…（15 已被划去不再划），

留下 5 后未划去数中的第一个数 7，划去其后的所有 7 的倍数；

如此继续下去直至最后，则所余下的数都是素数。加上素数 2 即得全部素数。

据说，当年埃拉托塞尼是用一种纸草紧固在木框上，纸草上写着数，凡是要划去的数就挖去（另一种说法是用火烧去），结果在纸草上密密麻麻留下许多洞，像筛子一样，素数"筛子"因此得名。

上述程序还可以做如下简化：

（1）要划掉 p 的倍数，只须从 p^2 开始划起。例如，要划去 7 的倍数时，由于 3×7，5×7 已在划 3 的倍数、5 的倍数时删去了，故只须从 7^2 划起。

（2）为了构造 l 至 n 的素数表，取不超过 n 的平方根的最大素数 p，只须划到 p 的倍数为止。

例如造 100 以内的素数表，只要划到 7 的倍数即可（7 是不超过 $\sqrt{100}$ 的最大素数）。这是因为不超过 $n = 100$ 的任一个合数 $a \cdot b \leqslant \sqrt{n} \cdot \sqrt{n}$ 中，如果 $b > \sqrt{n}$，则必有 $a < \sqrt{n}$，因而 $a \cdot b$ 已划去。

素数表就是根据这一方法略加改进而造成的。第一个重要的素数表是由布兰克在 1668 年给出的,它包含了直到 100000 的所有自然数的最大素数因子。

不到 200 年,1816 年布克哈特给出了直到 3036000 的所有自然数的最大素数因子。高斯等数学家就是利用这些素数表,通过试验与观察发现有关素数的重要结论的。

在这方面取得令人惊奇成就的,是斯拉夫数学家库利克,他耗费了 20 年直到他死时的 1863 年,获得了一个直到 100330200 的所有自然数的素因数表,全部手稿共 8 卷计 4212 页,在 1867 年 2 月存入维也纳科学院。

1914 年,美国数学家 D·N·莱默在指出库利克的一些错误后又编制出版了从 1 到 10006721 的素数表,长时期一直作为研究素数的重要工具。

1959 年,贝克和格伦贝尔格使素数表突破 1 亿大关。1967 年,琼斯等人继续推进,获得了从 10^n 到 $10^n + 150000$ 的素数表,其中 n:8,9,…,14,15。1976 年,贝斯和赫德森计算出直到 1.2×10^{12} 的素数表。

最早使用机器研究素数的是美国加州大学伯克分校的 D·H·莱默。他在 1926 年用自行车链子制造了一台研究数的计算机。

20 世纪 40 年代后电子计算机的使用,极大地推进了素数的研究,它一方面使我们在极短的时期内急剧地扩大了已知素数的范围,加速了对素数问题的解决。近代关于大素数的突破性进展,几乎都是借助于高速计算机取得的。

另一方面电子计算机也改变了素数表的存在方式。1959 年,贝克与格伦贝尔格将前 600 万个素数制成微型卡片。20 世纪 60 年代初,美国学者宣称,将前 5 亿个素数存储于电子计算机内。

理论上虽说是如此,但实际上找到较大的素数却是一项相当艰巨的工作。直到 1985 年 9 月,人类所知道的最大素数是一个 65050 位的数:$2^{216091} - 1$。而最近英国原子能局哈维尔实验室的科学家们又获得了目前所知的最大素数:$2^{756839} - 1$。它是一个 227832 位数。

更大素数的发现殊荣将属于谁呢？人们正翘首以待！

合　数

　　合数指自然数中除了能被1和本身整除外，还能被其他的数整除的数。

　　在自然数中，我们将那些可以被2整除的数叫做偶数，如2、4、6、8、10、…等，剩下的那些自然数就叫做奇数，如1、3、5、7、9、…等。这样，所有的自然数就被分成了偶数和奇数两大类。

　　另一方面，除去1以外，有的数除了1和它本身以外，不能再被别的整数整除，如2、3、5、7、11、13、17、…等，这种数称作素数（也称质数）。质数中，除了2之外，其他的质数都是奇数。有的数除了1和它本身以外，还能被别的整数整除，这种数就叫合数，如4、6、8、9、10、12、14、…等，就是合数。奇数中有合数（例如9、15、21等）。偶数中除了2之外，其他的偶数都是合数。1这个数比较特殊，它既不算质数也不算合数。这样，所有的自然数就又被分为0、1和素数、合数四类。

　　类似4、6、8、9、10、12、14、15、16这个样的数列叫做合数列。

 **延伸阅读**

奥林匹克竞赛活动简介

　　奥林匹克竞赛活动主要是激发青少年对科学的兴趣。通过竞赛达到使大多数青少年在智力上有所发展，在能力上有所提高的目标。并在普及活动的基础上，为少数优秀的青少年脱颖而出、成为优秀人才创造机遇和条件。

　　目前，这项活动已经在我国得到了广泛的开展，取得了杰出的成果。在奥林匹克竞赛中获得优异成绩的同学可以获得保送名牌大学和参加自主招生考试的资格。

学科竞赛是一项面向全国中学生的竞赛活动，其宗旨是向中学生普及科学知识，激发他们学习科学的兴趣和积极性，为他们提供相互交流和学习的机会；促进大、中学校教学改革；通过竞赛和相关的活动培养和选拔优秀学生，为参加国际学科竞赛选拔参赛选手。

学科竞赛属于课外活动，坚持学有余力、有兴趣的学生自愿参加的原则。是在教师指导下学生研究性学习的重要方式。

竞赛的主管单位是中国科学技术协会。主办单位是各有关全国性学会，分别是：1. 中国数学会组织数学竞赛；2. 中国物理学会组织物理学竞赛；3. 中国化学会组织化学竞赛；4. 中国计算机学会组织信息学竞赛；5. 中国植物学会和中国动物学会组织生物学竞赛。

热尔曼素数之谜

法国数学家索菲·热尔曼是数学发展史上为数不多的女数学家之一，她出生于巴黎一个殷实的商人家庭。小时候在父亲的书房，她看到古希腊科学家阿基米德的故事，深受影响，并决心投入到数学学习中去。但因为她是一个女孩儿，父母觉得在这方面不会有很多发展，因此不允许她学习数学。不过，索菲·热尔曼常常瞒着她父母在夜晚爬起来点着蜡烛看数学方面的书籍。

有一次，热尔曼看到天亮竟趴在了书房的桌子上睡着了，她的父母看到她有如此大的热情就不再禁止她学习数学了，并帮她请来当时有名望的数学教师为她辅导，索菲·热尔曼表现出极高的数学天赋，令许多教过她的老师都啧啧称赞。

当时，法国许多高等教育是不允许女性进入的，热尔曼很渴望接受更高的教育，于是她借来大学书本自学很多高等知识，其中发现了许多新知识，有些甚至连许多教授都不懂得。

热尔曼曾化名勒布朗先生写信给当时非常有名望的一位教授克莱因，并将它的发现写在其中。这位教授收到信后，非常欣喜，并要求见一见这位勒布朗先生，见面之后，这位教授大为惊奇，竟想不到这样的超乎寻常的发现竟出自一位女性之手。后来这位教授虽不能帮助热尔曼进入高等学府学习，但给予她

163

很多帮助。

1801 年，高斯的《算术研究》出版后，热尔曼认真研读了这部名著。1804 年，她用勒布朗的化名给高斯写信，希望能与高斯交流自己对这部名著所得到的一些想法。几封信后，她的许多敏锐的洞察力给高斯留下了深刻印象。由此，两人进行了长时间的通信，直到索菲·热尔曼去世。

索菲·热尔曼

当法国军队打进德国时，索菲·热尔曼害怕高斯发生阿基米德那样的悲剧，就要求他舅舅派兵保护高斯的安全。虽然索菲·热尔曼与高斯从未谋面，但他们的友谊却持续了一生。

当从特使那里听到保护自己的是"热尔曼"时，高斯被这个完全陌生的名字搞糊涂了。一封及时寄到的信使他恍然大悟。在这封信中，热尔曼解释了自己的化名，并写道："……我以前用勒布朗这个名字给您写信，承蒙您如此宽容地给我回信，我实在是不敢当……我希望我今天向您吐露的情况，不会让我失去在我使用一个借来的名字时您曾给过我的那种荣幸，并希望您能抽出几分钟的时间告诉我您现在情况怎样。"

高斯热情的回信充满了赞扬："在晓得一向敬仰的'勒布朗先生'竟变成'索菲·热尔曼'时，您可以想象我的诧异和仰慕之情了。您的表现实在是难以置信的特例！您对一般抽象科学及神秘数字的品味确是难能可贵，令人激赏不已。这一门壮丽无比的科学所特具的迷人风采要不是有心深入挖掘，是很难领受到的。事实上，也再没有其他的东西能令我如此神往和专一。这门学问的趣味和魅力绝不是我故作玄虚，它们确实充满了我的生命，就如您对它的敬慕和雅好一样。"

热尔曼对数论的热爱与探索最终结下了果实，19 世纪 20 年代早期，她在费马大定理的证明上作出了重要贡献。

所谓费马大定理，即指不定方程 $x^n + y^n = z^n$，（$n > 2$）没有正整数解。事实上，作为一个小简化，人们只需要证明 $x^p + y^p = z^p$（p 为奇质数没有正整数解就可以了。在对此的研究中，有一种途径是把问题分为两种情形来探讨。

第一种情形是：对于素数 p，当 p 不能整除 xyz（或称 p 与 xyz 互素）时，这一不定方程没有正整数解。

第二种情形是：对于素数 p，p 能整除 xyz 时，这一不定方程没有正整数解。

针对第一种情形，热尔曼非常灵巧地证明了：若对奇素数 p，$2p+1$ 也是素数，则费马大定理在第一种情形下成立。在与一些数学家通信中，她汇报了自己得到的这一个一般性结论。1823 年，与热尔曼长期通信交流的勒让德正式向数学界通告了热尔曼的研究结果。这一结果是当时费马大定理研究中迈出的具有重要意义的一步。

热尔曼所引入的这类素数后来以她的名字命名为热尔曼素数。比如说，5 是一个热尔曼素数，因为 $2\times5+1=11$ 仍是素数。而 7 就不是一个热尔曼素数，因为 $2\times7+1=15$ 不再是素数。

值得一提的是，热尔曼素数至今仍是人们的研究对象。通过计算机的帮助，人们一直在寻找更多更大的热尔曼素数。迄今为止，最大的热尔曼素数是在 2007 年 1 月得到的。这个数有 51910 位！

这是最大的热尔曼数吗？

人类永远不会满足已有的成果，他们还在继续探索、寻找着更大的热尔曼数。

知识点

互 素

互质又叫互素。若 N 个整数的最大公因数是 1，则称这 N 个整数互质。例如 7、10、13 的最大公因数是 1，因此这是整数互质。

只要两数的公因数只有 1 时，就说两数是互质数。1 只有一个因数，无法再找到 1 和其他数的别的公因数了，所以 1 和任何数都互质（除 0 外）。

两个不同的质数一定是互质数。一个质数，另一个不为它的倍数，这两个数为互质数；例如，3 与 10、5 与 26。1 不是质数也不是合数，它和任何一个自然数在一起都是互质数；如 1 和 9908。相邻的两个自然数是互质数；如 15 与 16。相邻的两个奇数是互质数；如 49 与 51。较大数是质数的两个数是互质数；如 97 与 88。两个数都是合数（二数差又较大），较小数所有的质因数，都不是较大数的约数，这两个数是互质数；如 357 与 715、357＝3×7×17，而 3、7 和 17 都不是 715 的约数，这两个数为互质数。

 延伸阅读

陈省身数学奖简介

华裔美籍数学家、中国科学院外籍院士陈省身教授是一位国际数学大师，他对发展数学作出了卓越贡献。陈省身先生非常关心祖国数学事业的发展，几十年来为发展我国的数学事业、培养数学人才等方面做了大量工作。

为了肯定陈省身教授的功绩，激励我国中青年数学工作者对发展我国的数学事业做出贡献，中国数学会常务理事会决定设立"陈省身数学奖"。

奖励范围为在数学领域做出突出成果的我国中青年数学家。中国数学会设立并承办的"陈省身数学奖"，是由热心于发展我国科学与教育事业的香港亿利达工业发展集团有限公司提出倡议并捐资，中国数学会常务理事会决定设立的。中国数学会负责评奖工作。"陈省身数学奖"自 1986 年开始设立以来，已连续举办了 9 届，每届 2 人，每人奖金为 2.5 万元港币。

π 值中的正则

圆是人们最常见的一种曲线，也是人们最早认识的一种曲线，还是人们用得最多的一种曲线。

人们很早就知道，一个圆的周长和它的直径的比是一个常数，这个比值与圆的直径大小无关。我们常把这个数叫圆周率。在中国古代，圆周率有过许多

名称，例如圆率、周率等等。现在用希腊字母 π 来表示它。

最早将 π 与圆周率联系起来的人是英国数学家奥特雷德，他于 1647 年首次用 π/δ 表示圆周率，其中 π 是希腊文圆周的第一个字母，δ 是希腊文直径的第一个字母。1706 年，英国另一位数学家琼斯首次用单独的 π 表示圆周率。当时由于他的名气太小，这种表示法并未引起人们的响应，直到 1736 年，瑞士大数学家欧拉倡议使用 π 作为圆周率的符号，才得到数学家们的赞同。从此世界上逐渐通行以 π 表示圆周率的值。

虽然人们早就知道 π 是个常数，但几千年来人们对它的认识却进展缓慢。时至今日，电子计算机虽已计算出 π 的 10 亿位小数值，人们也已证明了 π 是一个无理数和超越数，但对它的许多理论性质认识并不完善，还有待我们不断探索。

首先是古人对圆周率计算的方法，例如祖冲之密率 355/113 是怎样求得的？目前有几种推测，但由于祖冲之的著作《缀术》已失传，原始计算方法难有定论。此外《九章算术》注释中有一个将 π 表示为 3927/1250 的式子，该式为谁所创？至今也无定论。

另外，π 如果不是分数，如何计算它呢？

我们知道 π 不是分数，因此将它计算到非常高的精度的方式并不是那么显而易见。为此，数学家使用了很多巧妙的公式来得到 π 的精确值，这些公式都是精确的，而且都涉及了一些会永远进行下去的过程。只要在达到"永远"之前停止，就能找到相当接近 π 的近似值。

事实上，数学为我们提供的东西非常丰富，因为 π 的固有魅力之一是它出现在大量漂亮公式中的趋势。它们通常是无穷级数，无穷乘积，或无穷分数。下面是几个典型公式。

第一个公式是 π 最早的表达式之一，由弗朗索瓦·韦达在 1593 年发现。它与 $2n$ 边的多边形有关：

$$\frac{2}{\pi} = \sqrt{\frac{1}{2}} \times \sqrt{\frac{1}{2} + \frac{1}{2}\sqrt{\frac{1}{2}}} \times \sqrt{\frac{1}{2} + \frac{1}{2}\sqrt{\frac{1}{2} + \frac{1}{2}\sqrt{\frac{1}{2}}}} \times \cdots$$

下一个公式是约翰·威利斯于 1655 年发现的：$\frac{\pi}{2} = \frac{2}{1} \times \frac{2}{3} \times \frac{4}{3} \times \frac{4}{5} \times \frac{6}{5}$

$\times \frac{6}{7} \times \frac{8}{7} \times \frac{8}{9} \times \cdots$

弗朗索瓦·韦达

大约在 1675 年，詹姆斯·格雷戈里和莱布尼茨都发现了：

$$\frac{\pi}{4} = 1 - \frac{1}{3} + \frac{1}{5} - \frac{1}{7} + \frac{1}{9} - \frac{1}{11} + \frac{1}{13} - \cdots$$

这种收敛太慢，因而对计算 π 没有任何帮助；也就是说，优秀的近似值需要许多项。但是在 18 和 19 世纪，人们常常用密切相关的级数来求 π 的前几百位小数。欧拉发现了一堆公式，如下所示：

$$\pi^2 = 1 + \frac{1}{2^2} + \frac{1}{3^2} + \frac{1}{4^2} + \frac{1}{5^2} + \cdots$$

$$\frac{\pi^3}{3^2} = 1 - \frac{1}{3^3} + \frac{1}{3^3} - \frac{1}{7^3} + \frac{1}{9^3} - \frac{1}{11^3} + \cdots$$

$$\frac{\pi^4}{90} = 1 + \frac{1}{2^4} + \frac{1}{3^4} + \frac{1}{4^4} + \frac{1}{5^4} + \frac{1}{6^4} + \cdots$$

对于其他这些公式，需要用"西格玛符号"来求和。其中心思想是我们可以用更紧凑的形式来书写 $\pi^2/6$ 的级数：

$$\frac{\pi^2}{6} = \sum_{n=1}^{\infty} \frac{1}{n^2}$$

展开这个公式，$\sum$ 符号是希腊字母 σ 的大写，用来"求和"，表示将它右边的所有数加在一起，也就是 $1/n^2$。$\sum$ 下面的"$n=1$"表示我们从 $n=1$ 开始加起，根据惯例，n 是依次增加的正整数。$\sum$ 上方的 ∞ 表示"无穷"，代表一直加这些数直至永远。因此，这个公式与我们前面看到的级数表达式相同，只不过写成了这样的指令："对于 $n=1, 2, 3\cdots\cdots$，将项 $1/n^2$ 相加，一直继续下去。"

大约 1985 年，乔纳森和彼得·发现了这个级数：

$$\frac{1}{\pi} = \frac{2\sqrt{2}}{9\,801} \sum_{n=1}^{\infty} \frac{(4n)!}{(n!)^4} \times \frac{1103 + 26390n}{(4 \times 99)^{4n}}$$ 它的收敛极快。1997 年，大卫·贝利、彼得·波温和西蒙·普劳夫发现了一个公式：

$$\pi = \sum_{n=0}^{\infty} \left(\frac{4}{8n+1} - \frac{2}{8n+4} - \frac{1}{8n+5} - \frac{1}{8n+6} \right) \left(\frac{1}{16} \right)^n$$

为什么这个公式如此特殊？因为它可以实现计算 π 的特定位的数字，而不需要先计算它前面的数字。美中不足的是它们不是十进制数字：它们是十六进制（基数 16），通过它我们也可以计算基数为 8（八进制）、基数为 4（四进制）、基数为 2（二进制）的给定数字。1998 年，法布里·巴拉德用这个公式得出 π 的第 1000 亿位十六进制数字为 9。在两年的时间里，这一记录被提升到了 250 万亿位十六进制数（1 万亿二进制数字）。

π 的十进制数的当前记录由泰昌金田和他的伙伴保持，他们在 2002 年计算出了前 12 411 亿位数。

关于 π，该有许多疑团值得人类研究探讨。

有人作过一些统计，发现 0～9 这 10 个数码在 π 写出的数值中出现的次数大致相等。如果在实数的十进小数中每个数码出现的次数平均为 1/10，每一对有序数码出现的次数平均为 1/100，等等，则这个数叫完全正则的。π 究竟是否完全正则？尚无证明。

π 有许多巧合的数字特征，例如在 762～767 位上连续出现 6 个 9。那么其他数码是否会在 π 值中这样连续出现 6 个呢？

此外 0123456789 这种排列的数字段是否在 π 值中一定出现？01001000100001 等特殊排列的数字段是否在 π 值中存在？π 的前几位数能否成为完全平方数？等等，都是尚未解决的问题，有待于数学理论的进一步发展和数学家们的不懈努力。

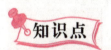

知识点

曲　线

　　任何一根连续的线条都称为曲线，包括直线、折线、线段、圆弧等。

　　处处转折的曲线一般具有无穷大的长度和零的面积，这时，曲线本身就是一个大于 1 小于 2 维的空间。微分几何学研究的主要对象之一。直观上，曲线可看成空间质点运动的轨迹。

　　曲线论中常讨论正则曲线，即其三个坐标函数 $x(t)$，$y(t)$，$z(t)$ 的导数均连续且对任意 t 不同时为零的曲线。对于正则曲线，总可取其弧长 s

作为参数，它称为自然参数或弧长参数。

它的基本公式，设正则曲线 C 的参数方程为 $r=r(s)$，s 是弧长参数，$p(s)$ 是曲线 C 上参数为 s 即向径为 $r(s)$ 的一个定点。

延伸阅读

钟家庆数学奖简介

钟家庆教授生前对祖国数学事业的发展极其关切，并为之拼搏一生。他曾多次表示，数学事业的发展有赖于积极培养与选拔优秀的年轻数学人才，他殷切希望在我国建立基金以奖励优秀的青年数学家。

为了纪念他并实现他发展祖国数学事业的遗愿，我国数学界的有关人士和一些在美华裔数学家于 1987 年共同筹办了钟家庆基金，并设立了钟家庆数学奖，委托中国数学会承办，用以表彰与奖励最优秀的数学专业的硕士研究生、博士研究生，鼓励更多的年轻学者献身于数学事业，使我国的数学研究工作后继有人。自 1988 年开始，钟家庆数学奖已经举办了 6 届，共有 18 位博士研究生、6 位硕士研究生荣获该奖，获奖者都已成为数学各领域的骨干和中坚力量。钟家庆数学奖对祖国数学事业的发展起到了良好的推动作用。

林尼克常数的改写

如果数列 a_1，a_2，a_3，$\cdots$，a_n，$\cdots$，从第二项起，每一项与前一项之差不变，即 $a_2-a_1=a_3-a_2\cdots=a_n-a_{n-1}=\cdots$，则称此数列为算术数列，也叫等差数列。其中 a_1 叫首项，本文简记作 a。而不变的差 a_n-a_{n-1} （$n>1$）叫公差，简记作 d。显然自然数列是最简单的算术数列，此时 $a=d=1$。

对算术数列中素数分布的研究最早当推欧几里得，他证得素数个数无穷，实际上就是证明了，在自然数列（最简单的算术数列）1，2，$\cdots$，n，$\cdots$中有无穷多个素数。

此后，直到 1837 年德国著名数学家狄利克莱（1805—1859）得到了数论中一个经典结果：

算术数列

a，$a+d$，$a+2d$，$\cdots$，$a+(n-1)d$，$\cdots$ 中，含有无穷多个素数。其中整数 a 与 d 互素，且 $d \geq 2$。

此定理的特殊情形是不难证明的。例如 $a=1$，$d=2$ 的情形，即奇数列中含有无穷多个素数，这不难由欧几里得定理："素数个数无穷"直接得到。对于 $a=-1$，$d=4$ 或 6 的情形，可以仿照欧几里得定理的证明过程。一般情形的证明，需要较多的知识，本书就不作介绍了。

现在回到算术数列。

$$a，a+d，a+2d，a+3d，\cdots \tag{①}$$

其中公差 $d \geq 2$，$1 \leq a < d$，a 与 d 互素。

根据狄利克莱定理知，数列①中必有最小的素数，简记作 $p(d, a)$（这表明 p 与 d、a 有关）。例如，$p(2, 1)=3$，$p(7, 2)=2$。研究数列①中素数分布的一个重要课题就是，如何确定 $p(d, a)$ 的上界？一个弱一点的问题是：

对于给定的公差 $d \geq 2$，取满足条件：

"$1 \leq a < d$，a 与 d 互素"的所有整数 a，得到相应的若干个最小素数 $p(d, a)$，其中必有一个最大值，记作 $p(d)$。

例如，$d=7$，$p(7, 1)=29$，$p(7, 2)=2$，$p(7, 3)=3$，$p(7, 4)=11$，$p(7, 5)=5$，$p(7, 6)=13$。其中最大值为 29，即 $p(7, 1)=29$。问题是，能否用 d 来表示 $p(d)$ 的上界？

1944 年，林尼克证得一个重要定理：对于足够大的整数 d

林尼克

≥2，必存在常数 $L>1$，使得 $p(d)<d$。其中 L 称为林尼克常数。计算这个常数是个很重要的工作。

1957 年，我国学者潘承桐首先得到 $L\leq5448$。

1958 年，席泽尔和西厄宾斯基以及 1963 年卡诺尔德都推测 $L=2$。即，对足够大的整数 $d\geq2$，$p(d)<d^2$。

由此可知，如果 $1\leq a<d$，a 与 d 互质，$d\geq2$，则在 a，$a+d$，$a+2d$，…，$a+(d-1)d$ 中必有素数，这显然是一个很重要的结论。

由于林尼克常数的重要性，它的界限不断被改写。

1965 年，陈景润得到 $L\leq777$；

1970 年，贾提拉得出 $L\leq550$；

1977 年，陈景润再得 $L\leq168$；

同年贾提拉又获 $L\leq80$；

1981 年，格拉哈姆更得出 $L\leq36$，第二年又得 $L\leq20$。

然而早在 1979 年陈景润获得 $L\leq17$。后来陈景润与别人合作又获得 $L\leq13.5$。

与猜测的林尼克常数 $L=2$，显然还有一段距离。

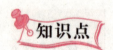

知识点

公　差

实际参数值的允许变动量。参数，既包括机械加工中的几何参数，也包括物理、化学、电学等学科的参数。所以说，公差是一个使用范围很广的概念。对于机械制造来说，制定公差的目的就是为了确定产品的几何参数，使其变动量在一定的范围之内，以便达到互换或配合的要求。

延伸阅读

菲尔兹奖介绍

菲尔兹奖是以加拿大数学家约翰·菲尔兹教授的名字命名的，它是国际数学界最具权威和最重要的一个奖项，由于诺贝尔奖不包含数学奖，因此它被人们称为数学中的诺贝尔奖。

关于菲尔兹奖的设立还有一段感人的故事，其实这个奖就是在菲尔兹的建议下设立的。1924 年第 7 届国际数学家大会是由加拿大主办，当时菲尔兹担任大会的秘书长，在他出色组织和领导下，多伦多数学大会取得了很大的成功，并且还有一笔结余的经费。他在考虑如何处理这笔经费时萌发一个念头，设立一个国际性的数学奖，可把这笔经费作为奖金。但是他希望这个奖不要以个人、国家或机构名义来命名，而是以一种国际奖金的形式颁发。由于菲尔兹的身体一直不太好，再加上组织那次大会过度的劳累，十分可惜的是在离第九届大会的召开只有很短的时间即 1932 年 8 月 9 日，他就在多伦多病逝了。但是他在去世前就立下了遗嘱，把自己的一大笔钱加上 ICM1924 大会结余的经费都交给下一届 ICM1932 的组委会，作为将要设立的国际数学大奖的奖金。

国际数学界为此专门开会讨论将要设立的国际数学奖的名称问题，大家都被菲尔兹积极关心支持世界数学科学发展的真情和无私精神所感动。大家并没有按照他的意见为这个数学奖确定一个别的名字，而是一致通过就用菲尔兹的名字来命名这个大奖。人们是希望后人能够永远记住菲尔兹这个名字，记住他为国际数学大会作出的巨大贡献。菲尔兹奖是在 1932 年第九届国际数学家大会开始设立的，1936 年首次颁奖。

菲尔兹奖评审程序是非常严格的，评审委员会成员要宣誓对评审结果严守秘密，直到数学家大会开幕式前不久采用一种特殊的单线联系的方式，分别通知获奖人，而且获奖人也不知道其他获奖者的名字。

从菲尔兹奖设立之初起就有一个不成文的约定，这个奖主要是授予那些已经取得了重要成果，并且他们的研究成果能对未来数学发展起重大作用，做出

了杰出工作的年轻数学家。ICM1966 年又给出"年轻数学家"的明确定义，即不超过 40 周岁。但是也有一个例外，那就是在第 23 届国际数学大会时，45 岁的英国数学家怀尔斯用 7 年时间完成了费马大定理的证明，为了表彰他勇于挑战世界难题，努力攻关的精神以及取得的卓越成就，特别给他颁发了"菲尔兹特别贡献奖"。

1983 年，美籍华人数学家丘成桐教授荣获菲尔兹奖，成为获此荣誉的第一位华人。菲尔兹奖牌正面是著名古代希腊科学家阿基米德的侧面像，刻着"超越人类的局限，做世界的主人"。背面是以象征和平的橄榄枝为背景，上面刻有一行拉丁文，"全世界的数学家们：为贡献创新的知识而自豪"。

求解一元二次方程

由于解决实际问题的需要，古代数学家解决属于方程的问题是很早以前的事。

一元一次方程的问题在 3000 多年前古埃及的纸草书中已经出现了，古巴比伦人在公元前 18 世纪可能知道一些特殊的二、三次方程的求解。后来的希腊、印度、中亚等国都对方程进行了广泛的研究。

我国研究方程的历史相当久远。儒家的经典《周礼》中介绍说，周朝学校教育以"六艺"为主，而"九数"是"六艺"之一。东汉郑玄解释说，方程是"九数"内容之一。

我国古代数学名著《九章算术》中有一次方程组的解法，唐朝的王孝通（约 626）研究过一元三次方程，宋朝的秦九韶 1241 年用"正负开方术"解高次方程，他的解法和 500 多年后的欧洲著名的霍纳法相似，我国的代数学到宋元时期最盛，当时的数学家都精于"天元"算法，朱世杰又推广成"四元"，就是高次方程或高次方程组应用问题的解法。可见，在我国，方程的研究不仅有悠久历史，而且取得了辉煌的成就。

在 19 世纪以前的漫长历史时期里，代数方程的求解一直是代数学的主要内容。代数与算术的根本区别就在于前者引入未知数，未知数可以参与运算，

根据问题的条件列出方程，然后解方程求出未知数的值。

方程中最简单的是一元一次方程，然后从两个方向发展了方程理论，其一是从一元发展到多元，其二是由一次发展到高次。但多元方程组是通过消元化为一元方程求解的，而超越方程、无理方程、分式方程往往要约化为多项式方程（也称代数方程）求解，因此，方程论的基本问题是一元代数方程的求解。

一元二次方程的完全解决经历了较长的历史时期。在我国初中代数中介绍的是实系数一元二次方程的求解。如果是复数系数的又怎样求解呢？和实系数方程的推导相类似的，可以得到，复系数方程 $ax^2+bx+c=0$ （$a\neq0$，a、b、c 为复数）有两个根为 $x_{1,2}=(-b\pm\sqrt{b^2-4ac})/2a$

注意，符号 $\sqrt{b^2-4ac}$ 不表示算术平方根而代表复数 b^2-4ac 的一个平方根。

例如，在方程 $x^2-(5-3i)x+10-5i=0$ 中，$b^2-4ac=-24-10i$，求出 $-24-10i$ 的一个平方根是 $1-5i$，因为 $(1-5i)^2=-24-10i$，代入求根公式得 $x_1=3-4i$，$x_2=2+i$。

由此可知，一元二次方程的根可用方程的系数经代数运算（加、减、乘、除、乘方、开方）而得到，在数学中称为代数可解（由于有根式，也称根式可解）。这里一个尚待解决的问题是复数如何开平方？

经过研究得到如下的求解公式：

（1）当 $t\geqslant0$ 时，复数 $s+it$（s、t 是实数）的平方根为 $\pm\left(\sqrt{\dfrac{2+\sqrt{s^2+t^2}}{2}}\right.$

$\left.+i\sqrt{\dfrac{-s+\sqrt{s^2+t^2}}{2}}\right)$，这里的二次根号表示算术平方根。

（2）当 $t<0$ 时，则为 $\pm\left(\sqrt{\dfrac{2+\sqrt{s^2+t^2}}{2}}-i\sqrt{\dfrac{-s+\sqrt{s^2+t^2}}{2}}\right)$，

由此可知，复系数的一元二次方程完全可以借系数的实平方根式表示出来，称之为一元二次方程的实根式可解。

开　方

　　开方是数学运算的一种，指求一个数的方根的运算，是乘方的逆运算。在中国古代也指求二次及高次方程（包括二项方程）的正根。

 延伸阅读

阿贝尔奖的设立

　　20世纪数学的发展大大超越了19世纪的数学，它已走到科学的前面。但是，号称数学"诺贝尔奖"的菲尔兹奖，不仅奖金少得可怜（不到诺奖的1%），而且限制获奖者在40岁以下。对它的一个补充是以色列的沃尔夫奖，它虽然没有年龄限制，但其他的非学术因素还是存在的。第三个是瑞典颁发的克拉福德奖，这是为弥补非诺贝尔奖的专业而设，包括数学、地球物理等，但每个学科六七年才轮到一次，影响力有限。

　　2001年，挪威政府宣布创设阿贝尔奖，以挪威天才数学家阿贝尔（1802—1829）来命名，并纪念他诞生200周年。阿贝尔是19世纪一颗闪亮的数学之星，他不幸死于肺结核，年仅26岁。他以证明一般五次方程不能被根式解（这个工作导致现代的群论这个领域）以及椭圆函数论的工作而享有盛名。其后椭圆函数论发展成阿贝尔函数论，从19世纪起一直是一大热门。

　　早在1902年，就有人提议设立阿贝尔奖，但由于瑞典—挪威联合王国解体，这个提议被放弃了。后来阿贝尔奖最终成为现实。这个奖每年颁发，授予一位数学家，奖励他一生的成就。奖金为600万挪威克朗，现在约合80万美元。由于上述三项最主要的数学奖各有不足之处，因此阿贝尔奖无可争辩地成为最显赫的数学奖。这是因为一来奖金数额与诺贝尔奖相当，二是能选出最好的数学家获奖而使自己增光。

高次方程的代数可解问题

自 16 世纪中叶人们掌握了三次和四次方程的求解后，就迫切希望能找到五次和五次以上的代数方程的求根公式与解法。但是经过 200 多年的努力毫无进展，直到 18 世纪后半叶拉格朗日参与了代数方程的研究，才为正确解决这一问题开辟了道路。

拉格朗日，著名的法国数学家，他提出了与前人不同的解决思路：从二次、三次、四次方程的解法的分析入手，看看这些方法为何能解出根来，然后再看看能否对五次或五次以上方程的求解提供什么启示。

拉格朗日引进了预解式概念及相应的方程解法。他的方法对二、三、四次方程很有效，但用到五次方程时却发现需要先求解一个还不知怎样求解的六次方程，求解工作变得复杂而又艰巨起来，这使他预感到五次方程可能是代数不可解的。后来他的弟子、意大利数学家鲁菲尼（1765—1822）用不严格的方法"证明"了，次数 $n \geq 5$ 时，方程不可能用系数的根式求解。

1826 年，年轻的挪威数学家阿贝尔终于证明了鲁菲尼—阿贝尔定理：一般地，五次和五次以上的代数方程是不能代数（根式）求解的。

但是，由于可根式求解的方程有多方面的应用，因此人们认为应该找出所有的能用根式求解的五次和更高次方程。这个问题无论是鲁菲尼还是阿贝尔都没有给予解决。

问题的解决还要等到伽罗瓦的出现。伽罗瓦是法国数学家，近世代数的创始人之一。幼年受到良好的教育，

拉格朗日

1827 年开始自学勒让德、拉格朗日、高斯等人的经典著作。后来他受到他的数学教师里夏尔的指导，开始研究代数方程理论。

从 1828 年开始，在不几年里伽罗瓦获得了现在称之为伽罗瓦理论的许多重要结果，其中之一是五次和更高次方程的代数可解的判别准则，从而完全地解决了何种方程可代数求解的问题。

但是，伽罗瓦的理论长时期不为人们所理解，在 1829 年至 1831 年里曾三次给巴黎科学院投寄论文，结果或被遗失或被退回，直至 1846 年，法国数学家刘维尔对伽罗瓦萌芽的置换群思想首先作出正确评价，并将他的遗作搜集起来，加上自己写的序言，发表在他创办的极有影响的数学杂志《纯粹和应用数学杂志》第 11 期上，向数学界作了推荐。

1870 年，法国数学家若尔当在他的著作《置换和代数方程论》中对伽罗瓦理论作了详尽介绍，从此，伽罗瓦理论才逐渐为世人所了解。他的理论不仅完全解决了代数方程的根式可解与否问题，而且对尺规作图的可能性证明起了重要作用，并为群论的产生做了重要的奠基工作。

但是，就此为止，求解高次代数方程的问题并未彻底解决，一些疑惑困扰着人们。例如，我们知道，用根式解代数方程其实质就是将方程的求解化归为解形如二项方程 $x^3 = A$，而早在 1786 年瑞典数学家布灵就证明了，大多数的五次方程能化简成只带有一个参数的具有确定形式的，如 $x^5 - x - A = 0$ 的方程。这个结果导致法国数学家埃尔米特在 1858 年用非代数的椭圆模函数来求解五次方程，就像韦达用三角函数求解三次方程的不可约情形一样。

于是，人们产生了这样的想法，能否将方程约化为只带有一个参数的简易方程。这显然是对根式求解问题的一种扩展。如果能够这样，人们只要针对参数的不同数值事先算出对应的根，列成数学用表，这样解方程只要查表就可以了。

后来有人证明了，六次方程不可能约化为只带有一个参数的具有确定形式的简易方程。于是，人们转而研究，每一代数方程究竟能约化归结为一个什么样的具有最少参数的简易方程？

这个问题经过像德国大数学家克莱因和希尔伯特的不倦努力，只得到了一些个别结果，直到现在还不能在一般形式下加以解决。

知识点

高次方程

　　整式方程未知数次数最高项次数高于2次的方程，称为高次方程。高次方程解法思想是通过适当的方法，把高次方程化为次数较低的方程求解。对于5次及以上的一元高次方程没有通用的代数解法和求根公式（即通过各项系数经过有限次四则运算和乘方和开方运算无法求解），这称为阿贝尔定理。换句话说，只有三次和四次的高次方程可用根式求解。

 延伸阅读

晨兴数学奖介绍

　　晨兴数学奖被誉为"华人菲尔兹奖"，是世界华人数学家大会最高奖。菲尔兹奖是著名的世界性数学奖。由于诺贝尔奖没有数学奖，因此菲尔兹奖被誉为"数学中的诺贝尔奖"。晨兴数学奖面向45岁以下，在基础数学及应用数学方面杰出成就的华人数学家设立。评审委员会由哈佛大学教授、华裔数学家丘成桐以及其他8位非华裔的顶级数学家组成，以确保获奖成果的水准和评奖过程的公正和客观。每位晨兴数学奖得主均获颁证书、奖章及奖金。每位金奖得主获赠2.5万美元，每位银奖得主获赠1万美元。

　　晨兴数学奖主要为奖励两岸三地杰出的年轻数学家，并选在每届世界华人数学会议召开同时，公布两位金牌及四位银奖得主。

　　晨兴数学奖主要表彰45岁以下在理论及应用数学方面取得杰出成就的华人数学家。评选过程十分严格：先由著名数学家丘成桐组成世界华人数学家提名委员会，对候选人反复筛选，再提交由非华裔身份的各国知名数学家组成的评选委员会进行评鉴，产生最后的获奖者。

DAKAI SHUXUE ZHIHUIHUANG

奇妙的黄金分割律

0.618，一个极为迷人而神秘的数字，而且它还有着一个很动听的名字——黄金分割律，它是古希腊著名数学家毕达哥拉斯于2500多年前发现的。古往今来，这个数字一直被后人奉为科学和美学的金科玉律。在艺术史上，几乎所有的杰出作品都不谋而合地验证了这一著名的黄金分割律，无论是古希腊帕特农神庙，还是中国古代的秦兵马俑，它们的垂直线与水平线之间竟然完全符合黄金分割律的比例。

有一次，毕达哥拉斯路过铁匠作坊，被叮叮当当的打铁声迷住了。这清脆悦耳的声音中隐藏着什么秘密呢？

毕达哥拉斯走进作坊，测量了铁锤和铁砧的尺寸，发现它们之间存在着十分和谐的比例关系。回到家里，他又取出一根线，分为两段，反复比较，最后认定1∶0.618的比例最为优美。

毕达哥拉斯从铁匠打铁时发出的具有节奏和起伏的声响中测出了不同音调的数的关系，并通过在琴弦上所做的实验找出了八度、五度、四度和谐的比例关系。在对"数"特别是音乐的研究过程中，毕达哥拉斯发现和谐能够产生美感效果，和谐是由一定数的比例关系中派生出来的。他把这种数的比例关系推广到音乐、绘画、雕刻、建筑等各个方面。

公元前4世纪，古希腊数学家欧多克索斯第一个系统研究了这一问题，并建立起比例理论。他认为所谓黄金分割，指的是把长为 L 的线段分为两部分，使其中一部分对于全部之比，等于另一部分对于该部分之比。

把这一比例最早称为黄金分割律是德国美学家泽辛。此律认为，如果物体、图形的各部分的关系都符合这种分割律，它就具有严格的比例性，能使人产生最悦目的印象。而人们曾通过检测人体，证明美的身体恰恰符合黄金分割律。古希腊的巴底隆神庙严整的大理石柱廊，就是根据黄金分割的原则分割了整个神庙，才使这座神庙成为人们心目中威力、繁荣和美德的最高象征。

公元前300年前后欧几里得撰写《几何原本》时吸收了欧多克索斯的研究成果，进一步系统论述了黄金分割，成为最早的有关黄金分割的论著。

中世纪后，黄金分割被披上神秘的外衣，意大利数家帕乔利称中末比为神圣比例，并专门为此著书立说。德国天文学家开普勒称黄金分割为神圣分割。

黄金分割在文艺复兴前后，经过阿拉伯人传入欧洲，受到了欧洲人的欢迎，他们称之为"金法"。17世纪欧洲的一位数学家，甚至称它为"各种算法中最可宝贵的算法"。这种算法在印度称之为"三率法"或"三数法则"，也就是我们现在常说的比例方法。

到19世纪，黄金分割这一说法正式盛行。黄金分割数有许多有趣的性质，人类对它的实际应用也很广泛。最著名的例子是优选学中的黄金分割法或0.618法，是由美国数学家基弗于1953年首先提出的，70年代在中国推广。

优选法是一种求最优化问题的方法。如在炼钢时需要加入某种化学元素来增加钢材的强度，假设已知在每吨钢中需加某化学元素的量在1000～2000克之间，为了求得最恰当的加入量，需要在1000克与2000克这个区间中进行试验。通常是取区间的中点（即1500克）做试验。然后将试验结果分别与1000克和2000克时的实验结果作比较，从中选取强度较高的两点作为新的区间，再取新区间的中点做试验，再比较端点，依次下去，直到取得最理想的结果。这种实验法称为对分法。

不过，这种方法并不是最快的实验方法，如果将实验点取在区间的0.618处，那么实验的次数将大大减少。这种取区间的0.618处作为试验点的方法就是一维的优选法，也称0.618法。实践证明，对于一个因素的问题，用"0.618法"做16次试验就可以完成"对分法"做2500次试验所达到的效果。

另外，根据广泛调查，所有让人感到赏心悦目的矩形，包括电视屏幕、写字台面、书籍、门窗等，其短边与长边之比大多为0.618。甚至连火柴盒、国旗的长宽比例，都恪守0.618比值。

在音乐会上，报幕员在舞台上的最佳位置，是舞台宽度的0.618之处；二胡要获得最佳音色，其"千斤"则须放在琴弦长度的0.618处。

最有趣的是，在消费领域中也可妙用 0.618 这个"黄金数"，获得"物美价廉"的效果。据专家介绍，在同一商品有多个品种、多种价值情况下，将高档价格减去低档价格再乘以 0.618，即为挑选商品的首选价格。

数字 0.618 更为数学家所关注，它的出现，解决了许多数学难题，如十等分、五等分圆周；求 $18°$、$36°$ 角的正弦、余弦值等。

黄金分割率，一个看似很简单的数字，竟有着如此神奇的作用和魔力，它屡屡在实际中发挥我们意想不到的作用，甚至在买卖股票的操作中也能以黄金分割线作为指导，但其原因何在呢？数学上至今还没有明确的解释。

知识点

黄金数

黄金数用希腊字母 Φ 表示，黄金数的确切值为 $\frac{\sqrt{5}-1}{2}$，即黄金分割数。

黄金分割数是无理数，前面的 120 位为：

0.6180339887　4989484820　4586834365　6381177203　0917980576
2862135448　6227052604　6281890244　9707207204　1893911374
8475408807 5386891752

所谓黄金三角形是一个等腰三角形，其腰与底的长度比为黄金比值；对应的还有：黄金矩形等。黄金三角形分两种：一种是等腰三角形，两个底角为 $72°$，顶角为 $36°$；这种三角形既美观又标准。这样的三角形的底与一腰之长之比为黄金比：$\frac{\sqrt{5}-1}{2}$。另一种也是等腰三角形，两个底角为 $36°$，顶角为 $108°$；这种三角形一腰与底边之长之比为黄金比：$\frac{\sqrt{5}-1}{2}$。

做学问要有大眼界

"我在读大学时，除了学数学，还选修了物理系的相对论、量子力学、理论物理等课程，尽管当时不是很懂，但以后碰到物理方面的问题，我就不怕了。现在我能在数学和物理两个领域展开科研，得归功于当时的跨学科学习。"中科院院士、复旦大学教授谷超豪告诫青年学子，"做学问就像下棋，要有大眼界，只经营一小块地盘，容易失去大局。"

扎实的基础、广博的知识，触类旁通，就能在学术"棋盘"上连成一大片。

基础怎样打？谷超豪忆起早年在浙江大学求学经历：一门数学研究讨论课，苏步青教授交给他一篇100页的数学论文，要求先从头到尾抄一遍，认真钻研，然后在课上接受提问，不及格者不得毕业。正是这种严格训练，为他打下扎实的学科基础。

从微分几何到偏微分方程，从数学领域到物理领域，谷超豪攀登了一个又一个高峰，国外同行评价他"创新、多变"。不断尝试跨领域研究，动力从何而来？谷超豪的回答是："国家、社会的需要，是研究的生命所在。"在前苏联攻读博士学位期间，他挤出时间听本科生的流体力学课程，钻研其中的数学问题，因为"苏联的卫星刚刚上天，我国的航天事业也要发展"。在谷超豪大眼界背后是大胸怀。

DAKAI SHUXUE ZHIHUIGHUANG